Almleben

Inge Friedl

Almleben

So wie's früher war

styria regional

Inhalt

Einleitung

Sennerin, Sennin, Sendin, Almdirn, Brentlerin, Schwoagrin – so vielfältig wie die regional verschiedenen Ausdrücke für die Frauen auf der Alm, so vielfältig soll auch dieses Buch sein. Ich führte mit „Almleuten" aus Salzburg, Steiermark, Kärnten und dem oberösterreichischen Salzkammergut viele Gespräche, lauter Männer und Frauen, die mit mir ihre Erinnerungen an ein Almleben teilten, wie es so heute nicht mehr existiert. Ich darf nun hier sozusagen den letzten „Zipfel" eines Erinnerungsschatzes dokumentieren, bevor eher früher als später dazu keine Gelegenheit mehr sein wird. Es gibt nicht mehr allzu viele Menschen, die diese Zeit miterlebt haben und authentisch davon erzählen können.

Was war nun das Besondere am alten Almleben? Solange noch keine Straßen auf die Almen führten, waren sie so etwas wie Rückzugsgebiete der Zivilisation. Dort kochte man länger mit offenem Feuer als im Tal, man trug Lasten noch auf dem Kopf, als dies im Tal schon längst nicht mehr üblich war und pflegte althergebrachte Arbeitsweisen und Bräuche. Bis weit in die Mitte des vorigen Jahrhunderts hinein wird sich das Leben auf den Almen wohl in einer Art erhalten haben, wie es dort schon seit Menschengedenken existiert hatte. Darüber hinaus ist die Alm aber auch ein Sehnsuchtsort für alle, die Ruhe und Einsamkeit suchen. Manche Städter, vielfach Studenten und Künstler, verbringen heute den Sommer als Viehhirten auf der Alm. Als „Senner/Sennerin auf Zeit" suchen sie Entschleunigung und eine wohltuende Reduzierung auf das Wesentliche.

Dieses besondere Gefühl, in einer „anderen Welt" als im Tal unten zu leben, hat wohl schon immer den Reiz des Lebens auf der Alm ausgemacht. Eine Salzburger Sennerin erzählte mir, wie schwer es ihr jedes Mal im Herbst gefallen ist, sich von der Alm zu verabschieden: „Man ist direkt ein bissl fremd daheim. Alles ist viel lauter als oben auf der Alm und man muss sich wieder an das Leben im Tal gewöhnen."

In den Zeiten der alten hierarchischen Dorfstrukturen war die Alm besonders für Frauen auch ein Rückzugsort vor der sozialen Kontrolle im Tal. Trotz der schweren Arbeit eines 16-Stunden-Tages wurde die Alm damit zu einem Stück Freiheit und Unabhängigkeit. Die selbstbestimmte Arbeit und die abgeschiedene Lebensweise auf den Almen machten früher und heute noch den Reiz eines Almsommers aus.

Für dieses Buch war ich auf Almhütten und in zahlreichen Bauernhäusern und Wohnzimmern zu Gast. Ich möchte all jenen danken, die sich Zeit genommen haben, um mir von der alten Zeit zu erzählen.
Mit Freude denke ich an die große Gesprächsrunde mit vier Generationen in der Stube der Familie Priller in Salchau bei Oberwölz zurück, bei der ich köstliche Rumpelnudeln verkosten durfte. Das Rezept dazu kommt von Maria Priller und Sie finden es in diesem Buch.
Auf der Payeralm bei Stadl an der Mur nahmen sich Hans und Berta Schlick vulgo Trattler und Ignaz Moser einen ganzen Tag Zeit, um mir überaus anschaulich vom alten Almleben zu berichten.
Maria Fenz aus St. Gallen lud mich nicht nur zu einem Gespräch ein, sondern überließ mir auch ein handgeschriebendes Heft mit wunderbaren Lebenserinnerungen in Versform.
Peter Zach erzählte humorvoll von der Tuchmoaralm in der Kleinsölk. Cilli Ebenschwaiger, Jahrgang 1926, beschrieb mit viel Wortwitz und äußerst anschaulich das Leben auf den Almen ab den 1940er-Jahren. Christl Tiefenbacher aus Aigen im Ennstal überließ mir nicht nur eindrucksvolle Bilder, sondern erzählte auch ausführlich von den alten Zeiten. Die ehemalige Jauringalm-Sennerin Maria Ferk vertraute mir viele Fotos an und dazu noch ein originales Almrezept.
In Gosau hatte ich die Ehre, den ehemaligen Oberförster Gottfried Gamsjäger zu treffen, dem man seine mehr als 90 Jahre absolut nicht anmerkte. Er erzählte druckreif und detailgetreu unter anderem vom „Birigstecken“, der in den Bergen unverzichtbar war. Durch ihn lernte ich Kathi Hubner kennen und durfte in ihrem schönen, alten Haus mit erhaltener Rauchküche besonders interessante Stunden verleben.
Im schönen Obermillstatt teilte Josef Oberzaucher mit mir seine Erinnerungen an jene Zeit, die er als Bub auf der Alm verbrachte.
Nach der Begegnung mit Franz Ḥolzer aus Göriach im Lungau weiß ich nun, was ein „Pudelumundum“, ein „Kühmoa“ und ein „Holzmoasta“ ist.
Im Tal der Almen, im Großarltal, durfte ich mich mit den Sennerinnen Kathi Gruber, Brigitte Pirchner, Maria Ammerer und Maria Viehauser ausführlich unterhalten. Kathi Gruber zeigte mir ihren prächtigen, alten Viehschmuck zum Aufkranzen und erzählte mir klug und anschaulich vom alten Almleben. Als ich Gitta Pirchner traf, hatte sie gerade ihren 54. Almsommer beendet. Sie gehört zu den Menschen, die nicht nur ein reiches Wissen haben, sondern dieses auch in Worte fas-

sen können. Im Gespräch mit Maria Ammerer und Maria Viehauser flogen die Stunden nur so dahin. Nimmermüde beantworteten sie wirklich alle meine Fragen zum Almleben.
Der ehemalige Melker von der Porschealm im Pongau, Franz Hartl, stellte für mich eine fachkundige Alm-Runde mit Toni Steinberger und Philomena Jenerwein zusammen. Der herrliche selbst gemachte Käse, den er uns mitgab, ist mir noch in köstlichster Erinnerung!
Mit großer Freude denke ich auch an die Gespräche mit Margaretha „Gretei" Krallinger aus Annaberg zurück. Bei ihren bildhaften Schilderungen ist für mich das alte Almleben ein Stück weit lebendig geworden.

Ich danke Wolfgang Dürnberger, dem Chefredakteur der Wochenzeitung „Salzburger Bauer", dass ich in seinem Blatt die Leser und Leserinnen aufrufen durfte, mit mir ihre Erinnerungen an die Alm zu teilen. Auch Familie Kendlbacher aus St. Johann im Pongau bin ich sehr verbunden. Sie ermöglichten mir viele Gespräche mit Sennerinnen im Großarltal. Ohne Familie Hertzberg aus Millstatt hätte ich auf die Geschichten und Erinnerungen an die Millstätter Alm verzichten müssen.
Martin Rohrmoser vom Talmuseum Hüttschlag und Bernd Wieser vom Gemeindearchiv Taxenbach danke ich für wundervolle historische Almbilder. Ingrid Rastl aus Grundlsee stellte mir Fotos ihres Vaters Albert Rastl, der unvergessliche Fotograf des Ausseerlandes, zur Verfügung. Mein Dank gilt auch Mag. Doris Grassmugg vom Steirischen Volksliedwerk, die mir Recherchen in ihrem Archiv ermöglichte.

Alle Almlieder, die auszugsweise in diesem Buch zu finden sind, stammen aus dem Archiv des Volksliedwerks. Die Liedtitel der abgedruckten Strophen sind dem Liedernachweis zu entnehmen!

Meiner Tochter Kathrin Friedl danke ich für die Durchsicht der Texte.
Mein besonderer Dank aber gilt meinem lieben Mann Dr. Karl Friedl, der meine Arbeit stets unermüdlich unterstützt und mir mit Rat und Tat zur Seite steht.

Inge Friedl

Der „Reitervater" als Halter auf der Sonnsteinalm bei Tragöß.

Die Almfahrt

Der richtige Zeitpunkt, um auf die Alm zu fahren, lag jedes Jahr ein wenig anders. Es gab „frühe" und „späte" Almjahre, je nachdem wie grün die Weideflächen auf den niederen Almen schon waren. Man beobachtete die Berge, um herauszufinden, wann es so weit war. Hier ein Almauftriebsspruch aus den Schladminger Tauern: „Ist der Kochofen wie eine gscheckate Kalm, oft fahren Broatlahner auf die Alm. Ist der Kochofen wie ein grüner Hut, oft ist es auf allen Almen gut." Ähnlich ein Salzburger Spruch: „Wird's Obertenn wie ein gesprenkelt Kalb, so fahren die St. Johanner auf die Alp." Zieht sich auf den Hochalmen der Schnee zurück, sehen sie also aus wie ein „geschecktes Kalb", dann ist es Zeit, auf die Alm zu fahren. Der alte Ausdruck „fahren", den wir auch im Wort „wallfahren" wiederfinden, bedeutet hier übrigens so viel wie „gehen".

Andernorts gab es auch fixe Wochentage, häufig der Montag, an denen der Almauftrieb erfolgte. War der Zeitpunkt festgelegt, dann ging es ans Vorbereiten. Der Vorrat für den ganzen Almsommer musste eingekauft und hergerichtet werden: Petroleum, Dochte, Zylinder für die Beleuchtung, Zündhölzer, um das Herdfeuer anzuzünden, die in Kalk eingelegten und so haltbar gemachten Eier, außerdem Zucker, Salz, Mehl, Brot, Speck, Kleidung, Bettwäsche, Heu für die Betten, manchmal auch Geschirr und Pfannen.

Margaretha „Gretei" Krallinger aus Annaberg beschreibt die letzten Momente vor der Abfahrt: *„Wir sind um eins, halb zwei in der Nacht aufgestanden und haben als Erstes die Viecher gefüttert und gemolken. Wir durften auf keinen Fall vergessen, die Euter, die „Tuttn", schön einzufetten. Das war wichtig, weil sie sonst auf dem weiten Weg rissig und aufgewetzt worden wären. Die Kühe haben noch geweihtes Salz und Brot bekommen, dazu ist Weihwasser gesprengt worden und man hat den Herrgott um Schutz für den Almsommer gebeten. Ja, dann ist alles auf den Wagen aufgeladen worden und in der Morgendämmerung sind wir weggefahren."*

Kühe, die bereits einige Almsommer hinter sich hatten, erkannten sofort, worum es ging, wenn ihnen die große „Fahrtglocke" oder „Pumperglocke", die nur beim Almauftrieb und beim Almabtrieb Verwendung fand, umgehängt wurde. Auf einem Ennstaler Bauernhof gingen die Kühe stets

Die Strickeralm im Großsölktal in den 1930er-Jahren.

„Anfang Mai war der erste Erkundungsgang auf die Alm. Wie hat die Hütte den Winter überstanden? Man sperrt die Wintertür auf. Oft ist sie sogar noch zum Freischaufeln vom Schnee. Dann geht's hinein in die Küche. Im Küchenherd wird eingeheizt und Teewasser aufgestellt. Früher haben wir dazu Schnee geschmolzen. Das war der beste Tee, auf den ich mich schon freute!"

bei der Stalltür hinaus links weiter auf die Weide. Diesen Weg gingen sie Tag für Tag und kannten ihn gut. Nur wenn im Frühjahr die große Glocke, die „Fahrtglocke“, umgehängt wurde, dann ging die Glockkuh sofort den Weg rechts weiter auf die Alm. Den Weg dorthin kannte sie nach mehreren Almsommern bereits auswendig!

Es wird sogar berichtet, dass die älteren Kühe im „Tret“, dem Almstall, sofort wieder ihren angestammten Platz eingenommen haben, an dem sie schon im vorhergehenden Sommer angehängt gewesen waren. Erfahrene Sennerinnen sind davon überzeugt, dass die Tiere gerne auf die Almen gingen und, gleich wie sie selbst, im Frühjahr „auf und davon“ wollten. *„Vor dem Almfahren sind die Viecher daheim schon unruhig und zwider. Es ist kein Tun mehr mit ihnen. Sie spüren, es wär' jetzt schon Zeit! Wenn sie dann aber auf der Alm sind, sind sie wieder voll in ihrem Element.“*

Um „Unreim“, also Unglück, auf der Alm vorzubeugen, gab man den Tieren etwas Geweihtes, meist Salz, Palmkätzchen oder Brot ins Futter und ließ sie manchmal beim Gang aus dem Stall über einen Zweig vom Palmbuschen steigen. Die Bäuerin verabschiedete das Almpersonal und die Tiere mit Weihwasser und einem Segenswunsch:

Zusammenraufen!

Kaum sind die Viecher auf der Alm angekommen, haben sie schon miteinander gerauft. Da sind nur so die Fetzen geflogen! Die Tiere sind ja von verschiedenen Bauern gekommen und nun war das Erste, dass sie ihre Rangkämpfe untereinander austragen. Die Kühe, die tragenden Kühe, die Ochsen und das Galtvieh, alle haben extra ihre Rangeleien ausgetragen. Man darf nicht vergessen, damals hat das Vieh ja noch Hörner gehabt. Sie sind mit den Hörnern aufeinander losgegangen und es hat ordentlich gekracht. Da geht dir oft der Schiach an! Trotzdem ist es eher selten zu ernsten Verletzungen gekommen.

Nach ein paar Tagen haben sich die Kämpfe dann wieder gelegt. Der Sinn dieser Raufereien war, dass unter den Tieren die Rangordnung auf der Alm festgelegt wird. Auch in den Viehherden muss es einen Chef geben, dann ist eine Ruh!

Margareta Streibl, Salchau bei Oberwölz

Der Almauftrieb war keine feierliche Angelegenheit im Gegensatz zum Almabtrieb.
Diese Ansichtskarte aus der Zeit um 1900 zeigt den Zug der Glockkühe, auch einen Stier, ein Kalb und eine Ziege, sowie einen Saumwagen als Abschluss.

„Gehts in Gottes Nam und kemmts gsund wieda hoam!"
Nun setzte sich die Karawane in Bewegung. Bevor die Forststraßen gebaut wurden, waren die Wege auf die Almen oft steil und beschwerlich. Rinder, Kleinvieh, Schafe, Ziegen, Sennerin oder Senner und auch Kinder – alle waren etliche Stunden auf den Beinen, ehe sie endlich die Hütten erreichten.

Oben auf den Gemeinschaftsalmen kamen nach und nach die Kühe, Kälber, Ochsen und die Fuhrwerke der einzelnen Bauern an. Das Zusammentreffen der verschiedenen Herden gestaltete sich keineswegs friedlich. Die ersten Tage auf der Alm waren immer von Raufereien und Rangkämpfen der Tiere untereinander gekennzeichnet. Die Viehhüter hatten alle Hände voll zu tun, um die Ordnung einigermaßen aufrecht zu erhalten.

Nach dem langen Winter wurden die Hütten nun wieder gelüftet und geputzt, das erste Brennholz wurde gesammelt und es wurde das erste Mal wieder eingeheizt. Jede Sennerin bemühte sich, ihre Hütte so schnell wie möglich in Ordnung zu bringen. Dazu gehörte auch, die Strohmatratze neu zu füllen. War nicht mehr genug frisches Bettstroh vorhanden, dann nahm man auf der Alm auch Farne, um die Matratzen zu füllen.

Der persönliche Besitz der Sennerin war schnell ausgepackt: das Sonntagsgewand und zwei, drei „Kittel", Alltagskleider. Das Milchgeschirr und die Zentrifuge wurden blank geputzt und in die Sonne gestellt, ebenso Pfannen und Geschirr, das über den Winter auf der Alm geblieben war. Das Altartüchl für den Herrgottswinkel wurde ausgebreitet und die frisch gewaschenen Vorhänge aufgehängt. Am zweiten oder dritten Tag kamen die Bäuerinnen mit den Schweinen auf die Alm, da erst zu dieser Zeit die erste Molke, das „Saufutter" fertig war. Nun, wenn „d' Sauen" da waren, die zum alten Almleben unbedingt dazugehörten, konnte der Almsommer richtig beginnen.

Auf da Olma wird's grea!

'S Fruahjohr is do, auf da Olma wird's grea.
es is neama long, bold auffi wird's geah.
Die Kuahla gfreids a neama so richtig dahoam,
se mechtn wia i scho gern auf und davon.

Oft kimmt halt der Tag, die Glockn klingt schea,
's Plärrwerch fongt on und auf geht's in d'Höh.
Die Muatta hot 's Weihwasser und sagt in Gottsnom
hiaz gehn holt oll furt, kemmts gsund wieda hoam.

Maria Fenz, Buchau bei St. Gallen

Eine Sennerin holt am Ranzenkar im Ennstal Latschen als Schmuck für ihre Hütte. Oberhalb der Hüttentür wurden die Latschen befestigt.

„Das Schönste beim Almfahren war die Vorfreude im Frühjahr. Wenn alles blüht, hat man sich schon richtig auf die Alm gefreut! Die Viecher wissen auch, dass sie jetzt wieder auf die Alm gehen dürfen. Die freuen sich genauso wie die Sennin."

Die lustige Woche

In einem alten Kärntnerlied heißt es: „Am Sunntog werds saggarisch lusti wern, do wer ma auf d' Ålma geahn zäun.“ Warum sollte harte Arbeit, das Herrichten und Reparieren der Zäune eine lustige Sache sein? Die Arbeit selbst war wohl weniger unterhaltsam, das Schöne daran war die Gemeinschaft mit den anderen. Vergessen wir nicht, in der alten bäuerlichen Welt hatte man die meiste Zeit ausschließlich Kontakt mit den eigenen Hausgenossen. Deswegen waren Arbeiten, bei denen die Nachbarn und die Dorfgemeinschaft zusammenkamen, besonders beliebt. Das herbstliche Brecheln etwa, eine heiße und staubige Angelegenheit, wurde schon mit großer Vorfreude erwartet, weil anschließend der Brecheltanz alle Mühen belohnte.

Zwei ältere Murtaler Bergbauern, Ignaz Moser und Hans Schlick, erinnern sich gerne ans Zäunen in ihrer Jugend. Auf der Alm sind damals in der „Zäunerwoche“ mindestens zwanzig Leute zusammengekommen. *„Wir sind die ganze Woche nie aus dem Gwand kemman, sind im Heu gelegen und haben am Brunntrog Katzenwäsche gemacht. Das war eine lustige Woche!“*

Meist Ende Mai, Anfang Juni mussten die Zäune wieder neu aufgestellt werden, bevor das Vieh auf die Almen getrieben wurde. Ein erfahrener Bauer, der „Zäunermoar“, teilte die Arbeit ein. Am anderen Ende der Rangordnung stand der Jüngste, der „Steckenbua“. Seine Aufgabe war es, auf die Bäume zu steigen und die Äste abzuhacken. Hatte er diese Aufgabe zur Zufriedenheit erledigt und war er kräftig genug, konnte er zum Heckenhacken befördert werden. Dazu brauchte es allerdings schon einige Kraft, die nicht jeder 14-jährige Bub besaß. Seine Aufgabe war es, die recht langen und schweren Äste vom Wald zu den Arbeitern zu bringen. *„Wenn du nur wenige Stecken auf einmal getragen hast, dann haben die Alten schon geteufelt und geschimpft. Sechs Stecken hast du schon jedes Mal bringen müssen. ‚Stecken! Stecken!‘, haben die immer geschrien, wenn sie mit der Arbeit schon fertig waren und du mit den Stecken aber noch nicht da warst.“*

Ein Almzaun wurde im Herbst umgelegt und im Frühjahr wieder ausgebessert und aufgestellt. So ein Zaun war nicht nur solides Handwerk, sondern ein bestimmendes Element der Almlandschaft und wunderschön anzusehen. Die Vielfalt der unter-

Auf diesem Bild erkennt man sehr gut die eingezäunten Bereiche um jede Hütte samt Stall. Im „Almanger", „Hüttenanger" oder „Plotschngarten" gedieh der große Huflattich, auch „Plotschn" genannt. Die Blätter bekam am Nachmittag das heimkehrende Vieh, die Stängel wurden gekocht und mit Weizen- oder Gerstenschrot den Almschweinen verfüttert.

„Der Almherr hat auch angesagt, wann es zum Zäunen ist, wann es zum Wegmachen ist und wann zum Auftreiben. Gezäunt wurde vor dem Auftreiben, weil der Zaun muss schon da sein, sonst stürzen die Viecher ab."

schiedlichen Zaunarten war so groß, dass hier nur zwei Beispiele wiedergegeben werden können. Ein typischer Almzaun war der Spitzhag oder Kreuzhag. Dabei wurden zwei sich kreuzende Stangen in die Erde gesteckt. In die dabei entstehende Gabel wurden Längsstangen schräg eingelegt. Am Fuß des Zaunes wurden zusätzlich noch Steine aufgeschlichtet, die die Stabilität erhöhten. Um Holz zu sparen, errichtete man aber auch reine Steinmauern. Im Großarltal nennt man sie „Steinhoug", im Salzkammergut „Glaubstoawall".

Im Raum Gosau gab es eine besondere Form des Almzaunes, der dem Schneedruck widerstand und im Winter nicht abgebaut werden musste. Drei, vier verschieden lange Steckenpaare wurden in regelmäßigem Abstand schräg zu einander aufgestellt. In diese stufenartig hintereinander stehenden Gabeln wurden die Stecken diagonal eingelegt.

Traditionelle Weidezäune sieht man heute kaum noch. Sie wurden durch den billigeren Stacheldrahtzaun oder durch elektrische Weidezäune ersetzt. Nun droht auch das Wissen um die alten Zaunformen verloren zu gehen. Es heißt: „Erlernt ist es langsam, verlernt ist es schnell!" Dennoch, es gibt noch einige Bauern, die das althergebrachte Zäunen hochhalten. Wer mehr wissen will, dem sei ein Kurs in einem Freilichtmuseum empfohlen. Vielerorts heißt es dort „Wir lernen zäunen!".

Das „Zäunewaken"

Wenn du als Bub das erste Mal auf der Alm gezäunt hast, dann war das „Zäunewaken" bei uns der Brauch. Das musste jeder Neuling durchmachen. Die Alten haben dich genommen und in eine Lacke geworfen und du bist patschnass gewesen. Die Burschen, die das erste Mal heroben waren, haben deshalb immer einen weiten Bogen um die Älteren gemacht. Aber es hat nichts geholfen, die haben uns eingekreist, erwischt und ins Wasser geschmissen!

Moser Ignaz, Stadl an der Mur

Am Sunntog werds saggarrisch lusti wern,
do wer ma auf d' Ålma geahn zäun.
Und die Diandlan wernd
a mit uns auffi geahn,
auf da Fladnitz do trink ma an Wein.

Zäune sind prägende Elemente der Landschaft. Hier ein „Speltenhag“, aufgenommen 1957 in Hinterstoder. Die Zaunpfosten sind nicht paarweise gegenüber, sondern abwechselnd links und rechts von der Zaunmitte angeordnet. Dazwischen werden die Querstangen schräg gelegt. Damit diese nicht ineinander verrutschen, werden dazwischen Gerten geflochten.

Ein Tag im Leben einer Sennerin

Ich bin 1943 mit 15 Jahren das erste Mal als Sennin auf unsere Alm, die Glettenalm, gekommen. Da waren dreißig Küh' oben, der Hüter und ich! Im Vorsommer haben wir schon um zwei in der Nacht aufstehen müssen, um die vielen Kühe zu melken. Zwei Stunden lang haben wir mit der Hand gemolken. Da wären uns manchmal fast die Augen zugefallen, so müde waren wir noch. Danach haben wir die Kühe gleich wieder ausgetrieben. Dieses zeitige Melken war notwendig, damit die Kühe früh genug auf die Weide kommen und genug fressen. Denn kaum war die Sonne da, sind die Viecher schon wieder hergeteufelt zur Hüttn, weil ihnen die Ungeziefer keine Ruhe gelassen haben.

Nach dem Melken haben wir Käse gemacht und Butter gerührt. Das Buttermachen bei dreißig Kühen, das war schon sehr viel Arbeit! Aber Arbeit hat man ja früher nicht gescheut. Jeden Tag haben wir Butter gerührt, dann die Butter ausgewaschen, ausgedrückt und mit den Händen ausgepresst. So ein Butterstück hat oft acht Kilo gewogen – das haben wir als Ganzes mit der Hand geschmissen, damit das überschüssige Wasser herausgeht. Das war stark!

Melken, Rühren, Kasen, Geschirr waschen – so war der Ablauf. Das Milchgeschirr und den Kupferkessel hat man dann vor der Hütte zum Trocknen in die Sonne gestellt. Den großen kupfernen Kaskessel habe ich mit Holzasche gut ausgerieben, bis er so richtig schön geglänzt hat.

Zu Mittag hat man sich etwas Einfaches gemacht. Wenn die Schwarzbeeren reif waren, vielleicht Nocken mit Beeren. Sonst Knödel oder ein Mus.

Dazwischen musst du die Facken, die Schweindln, versorgen. Die bekommen das Kawasser, das beim Butterrühren übrig bleibt, und sonst nichts. Das Grünfutter haben sie sich eh selber geholt, weil sie frei herumgelaufen sind.

Am Nachmittag um drei, halb vier haben wir das zweite Mal gemolken. Wieder zwei Stunden lang handmelken! Damit uns dabei nicht langweilig wird, haben der Hüter und ich gesungen, „Von der hohen Alm" und andere Almlieder. Eh wurscht, hat uns eh neamd g'höhrt! Aber das Melken ist halt freudiger vor sich gegangen, wenn du gesungen hast!

Besuch haben wir wenig gekriegt, höchstens der Jäger ist ab und zu vorbeigekommen. Wir haben oft die ganze Woch' net gewusst, wie spät es ist. Wenn Schönwetter gewesen ist, haben wir uns halt nach der Sonne gerichtet. Und bei Einbruch der Dunkelheit gegen halb neun sind wir schlafen gegangen, weil wir ja am nächsten Tag noch im Finstern vor der Morgendämmerung wieder aufstehen mussten.

Kathi Gruber, Hüttschlag im Großarltal

Eine Sennerin reinigt den großen kupfernen „Kaskessel“.

Mit besonderer Sorgfalt wurden die Milchgefäße gereinigt. Der „Kaskessel“ wurde mit Holzasche oder Sand akribisch gerieben, bis er glänzte. Zentrifugen aus Zinn wurden mit getrocknetem Zinnkraut geputzt, hölzerne Milchgefäße mit Molke gereinigt und mit Moosen oder Wurzelbürsten geschrubbt.

Sennerinnen beim Gleckschneiden auf der Lahngangalm im Ausseerland 1946. Gras, Heilkräuter und Blätter des großen Huflattich, die „Plotschn", wurden in umgebundenen Tragtüchern gesammelt. Zum Heimtreiben und zum Anlocken des Viehs wurde dieses Grünfutter mit Salz vermischt und als „Gleck" den Tieren mit der Hand gereicht.

„Mit der Sichel haben wir das Gleck geschnitten. Dort ist es sehr steil gewesen, aber wir waren das ja gewohnt. Wenn eine nicht jeden Tag Gleck schneiden gegangen ist, hat es geheißen: ‚Du bist schön faul! Du bist heut' nicht Plotschn schneiden gewesen!' So hat jede auf die andere aufgepasst!"

Zwei Mal am Tag wurden die Kühe gemolken, hier am Rehkarl in der Filzmoosalm. Das bedeutete für die Sennerin oder den Melker oft stundenlanges Melken mit der Hand.

Die Grogghütte auf der Hintereggalm in Rohrmoos.

Der Arbeitstag einer Sennerin war vom Rhythmus der Tiere geprägt und begann zwischen drei und vier Uhr Früh. Vor Sonnenaufgang mussten die Rinder von der Weide geholt, gemolken und wieder auf die taunassen Wiesen getrieben werden. So konnte sich das Vieh zu Mittag bereits gesättigt in den Schatten zum Verdauen legen. Am Nachmittag, zwischen drei und vier Uhr, wurde das zweite Mal gemolken.

Die Sennerin Mirzl vor der Goaßmoarhütte im Großsölktal. Sie hält einen „Steirerkas", einen Sauermilchkäse, in der Hand.

„Der frische Steirerkas ist in der Hütte oberhalb der Feuerstelle auf ein Regal gekommen. Dort ist er geblieben, bis er durch den Rauch und durch die Wärme kleine Sprünge gekriegt hat, dann haben wir ihn im Keller in den Kasten gestellt. Da ist man dann stolz gewesen, wenn die Regale voll waren! So fünfzehn oder zwanzig Kas haben wir schon gehabt! Im Herbst haben sie die Kas dann in Kisten verpackt und sind damit heimgefahren. Statt in Holzwolle haben wir alles in Krummet gelegt, das ist Heu von der zweiten Mahd, damit der Käse auf dem Weg nicht zerbricht."

Der schöne Butter

Keine einzige Sennerin, mit der ich im Laufe der vergangenen Jahre Gespräche geführt habe, verwendete je den hochdeutschen Ausdruck „die Butter". Nein, es heißt immer „der Butter", oft „der schöne Butter", denn die Butter war der Stolz der Sennerin, je schöner, je gelber, desto besser.
Nun ist es ganz gewiss nicht so, dass unsere Bauern die Grammatik nicht kennen. Wenn eine Sennerin stolz erzählt, dass sie „einen schönen Butter" gemacht hat, dann verwendet sie eine uralte Grammatik, nämlich jene der germanischen und indogermanischen Sprachen. Erst durch den Einfluss des Lateinischen erhielt die Butter im Mittelalter ihr weibliches Geschlecht.
Was ist eine schöne Butter? *„Der Butter hat gelb sein müssen! Die Farbe der Butter kommt von der Weide, von den Bleamln."* Die typische gelbe Farbe der Butter entsteht dadurch, dass Kühe frisches Gras auf der Weide fressen. Das Gras enthält Carotinoide, die der Butter ihre gelbliche Farbe verleihen. Wenn die Kühe kein frisches Gras, sondern Kraftfutter oder Heu erhalten, ist die Butter eher weiß gefärbt. Aber auch gegen Ende des Sommers, wenn die Qualität der Weide nachlässt, wird die Butter blasser: *„Im Juni, Juli, wenn es ein junges Graserl gegeben hat, dann war der Butter viel gelber als Ende August, Anfang September."*
Genau genommen ist Butter nichts anderes als ein Klumpen Streichfett, hergestellt aus dem Rahm der Milch. Auf den alten Almen aber war „der Butter" viel mehr: An der Menge und dem Aussehen der Butter erkannte man sofort die Tüchtigkeit der Sennerin. Kein Stück Butter verließ die Alm Richtung Heimhof, ohne vorher ein wenig verziert und geschmückt worden zu sein. Wenn ein Mal in der Woche die Almprodukte ins Tal getragen wurden, dann war „der schöne Butter" eine wichtige Sache: *„Der verzierte Butter, das war der ‚Almgruß' für die Leute im Tal. Dass sie daheim sehen, wie fleißig und tüchtig man war!"*
Eine schöne Butter war glatt, gut ausgearbeitet, sorgfältig geknetet und sauber. Ein solches Produkt konnte man jedem Besuch vorsetzen, es war eine Butter, „die sich hat sehen lassen können". Mit Recht waren die Frauen stolz auf die sorgfältig und gewissenhaft hergestellte Butter und trachteten danach, sie noch weiter zu verschönern. Es gab viele Möglichkeiten, die Butter zu formen und

Die schöne, mit dem Butterradl verzierte Butter, liegt im Fachtltuch, bereit, von der Alm ins Tal getragen zu werden.

zu verzieren. Sie wurde entweder „gemodelt", also in eine geschnitzte, reich verzierte Holzform gedrückt und wieder herausgenommen, oder mithilfe von „Butterstempeln" oder „Butterradln" verziert. Auch ein „Zweck", ein einfacher Holzspan, reichte aus, um den Butterstriezel zu verzieren, etwa mit kleinen Einstichen.

Besonders dekorativ war gemodelte Butter. Wer einen schönen Buttermodel daheim hat und es selbst probieren möchte, sollte darauf achten, den Model zuerst in heißes und danach in kaltes Wasser zu tauchen, damit die Butter sich gut vom Holz löst.

Jede Sennerin besaß verschiedene geschnitzte Buttermodeln. Maria Ammerer und Maria Viehauser aus dem Großarltal erinnern sich: *„Wenn einer ein guter Schnitzer war, dann hat er den Buttermodel selbst gemacht. Edelweiß, ein Hirsch oder eine Gams waren beliebte Motive. Oder man hat einen Spruch geschnitzt: ‚Gruß von der Alm' oder ‚Gott beschütze' ... Jede Sennerin hat mehrere Modeln gehabt und hat darauf geachtet, dass, wenn sie den Butter heimschickt, keiner gleich wie der andere ausschaut!"*

Besonderes Geschick erforderte das im oberen Ennstal übliche „Emoasl". Dabei wird auf einem länglichen, geschnitzten Brettchen eine dünne

Der Fuchs als Butterdieb

Ich hab den Butter in einem Schaffl im Almkeller aufbewahrt. Oben drauf hab ich zwei Bretter gelegt, damit keine Maus dazukommt. Eines Tages komm ich in den Keller und sehe, dass die Bretter am Boden liegen und dass in den schönen Butter ein „Grübl" gefressen ist. Ich hab mir gedacht „Aha, da war eine Katz' dabei!" und hab in der darauffolgenden Nacht die Bretter besonders gut zuwidruckt.

Auf einmal hör ich in der Nacht einen Pumperer und bin sofort nachschauen gegangen. Ich hab den langen Schädel gesehen und mir zuerst gedacht: „Das ist aber eine große Katze!" Dann hab ich aber gleich gemerkt, dass es ein Fuchs ist. Er hat mich angeschaut und ich hab zu ihm gesagt: „Ja hee, was fallt denn dir ein! Schau, dass d' weiter kimmst!" Dann ist er groast!

Über diesen Vorfall hab ich ein Gedicht geschrieben, das endet mit den Worten: „I riah doch fürn Fuchs den Butter net zamm. A Brett und a poor Nägl – zua ist des Loch. Und hiaz, Fuchs, hiaz suachst da amol anderswo wos!"

Maria Fenz, Buchau in St. Gallen

Die Sennerin Rosi Steinberger beim Butterrühren mit dem Wasserrad auf der Unterhofalm im Pongau.

„Der Butter ist nicht immer gleich schnell fertig gewesen. Oft war er ‚launig'. Wenn es ein gaches Donnerwetter gegeben hat, dann hat es den Sauerrahm zerrissen. Er ist dann nicht auf natürlichem Weg sauer geworden, sondern durch die Witterung. Dann hat es länger gebraucht, draus Butter zu rühren. Wir haben gesagt: ‚Ah, heit spinnt er wieder, der Butter!'"

Das Butterrühren mit dem Stoßbutterfass war eine langwierige und anstrengende Sache, hier auf der Sacherseealm in der Kleinsölk.

„Mit dem Stoßbutterfass habe ich auch noch gearbeitet. Manchmal hat es den Rahm beim Auf- und Niederstoßen oben bei der Öffnung herausgepresst. Oft hamma fest gschleckt! Das war guat!"

Schicht Butter aufgestrichen. Dann hält die Sennerin das Brett schräg und hebt vorsichtig an einem Ende den Butterstreifen ab. Der rollt sich zusammen und kommt sofort in ein Gefäß mit kaltem Wasser. Die schöne Verzierung war nun auf der Außenseite des Butterröllchens zu sehen. Das „Emoasl" war eine typische Jausenbutter, die man Wanderern mit einem Stück Brot vorgesetzt hat. Man sagte, wenn ein Almgeher ein Stück Butter abschneidet und das „Emoasl" dabei umfällt, dann dürfe man die Sennerin „halsen". Man kann sich gut vorstellen, dass eine Sennerin das „Emoasl" nicht jedem Gast vorsetzte. Der Tuchmoar-Halter Peter Zach weiß dazu noch mehr: *„Bei uns hat man gesagt, wenn das Emoasl umfällt, dann besteht die Gefahr, dass das Dirndl schwanger wird."*

Eine „schöne Butter" wurde aber jedem Gast vorgesetzt, dazu ein Laib Brot mit der Aufforderung sich von beidem zu bedienen. Es war gute Sitte, dass man beim Herunterschneiden von einem verzierten Butterstück nicht mutwillig die Ornamente zerstörte, sondern sie nur Schnitt für Schnitt reduzierte. Dick aufs Brot streichen durfte man sich die gute Butter aber auf jeden Fall, gerne auch einen Zentimeter dick! Denn so war's früher der Brauch!

Am Riegerl steht die Hüttn,
im Tal, da gehen die Kiah,
am Fenster liegt da Schlüssl,
geh eina, Bua, zu mir!

Am Montag tan ma auf d' Alma fahrn,
am Irta tan ma riahrn,
am Mitta tan ma d' Butter
von der Alma obafiahrn.

Die Butter tan ma verkafn,
oft kriagn ma recht vü Geld,
drum, Schwoagrin, sei na lusti
und fröhli auf da Welt!

„Butter pracken“ auf der Ursprungalm im steirischen Ennstal.

„Das Buttermachen war natürlich zeitaufwendig. Die Zeit ist heute so begrenzt, aber früher war das nicht so. Man hat das nicht so empfunden, dass das lang gedauert hat, wenn man ein, zwei Stunden den Butter gemacht hat.“

Das Almfachtl

Bei uns in Gosau haben die Sennerinnen früher in regelmäßigen Abständen Butter, Käse und Schotten auf dem Kopf ins Tal getragen. Sie haben die Produkte in ein Holzschaffel gepackt und alles mit einem schönen Tuch zugebunden – das war das Almfachtl.
Man hat ein Riedl gehabt, das war so ein runder, weicher Aufsatz, den man auf den Kopf gegeben hat und darauf wurde dann das Fachtl gestellt. Dieser Riedl hat sich der Kopfform angepasst und man konnte damit gut die Last am Kopf tragen.
Wichtig war das schön bestickte Fachtltuch, mit dem die Sennerinnen das Schaffel eingebunden haben. Man hat darauf geachtet, dass die Enden besonders reich bestickt waren, weil die nach dem Zusammenbinden extra weit auseinandergezogen wurden.
Vor dem Weggehen hat die Sennerin noch schöne Almblumen gepflückt: Almrausch, Vergissmeinnicht und Buttermilchkraut, das sind so kleine weiße Sternderln. Daraus hat sie den Fachtlbuschen gebunden, den sie oben ins Fachtltuch gesteckt hat.
So sind sie früher ins Tal gegangen, spitzgerade, mit dem Fachtl auf dem Kopf! Das war schön anzuschauen! Die Frauen sind aber nicht immer freihändig gegangen. Auf den steilen und steinigen Almwegen war es oft auch notwendig, das Fachtl mit einer oder mit zwei Händen zu halten.
Etwa in der Mitte des Weges sind schon die Heimleute entgegengekommen. Die Sennerin hat ihre Almprodukte übergeben und hat dafür Lebensmittel mit auf die Alm hinauf genommen, Mehl zum Schmarrenmachen, Brot, Salz, Grieß, Kaffee, Eier, alles, was man halt so gebraucht hat.

Kathi Hubner, Gosau

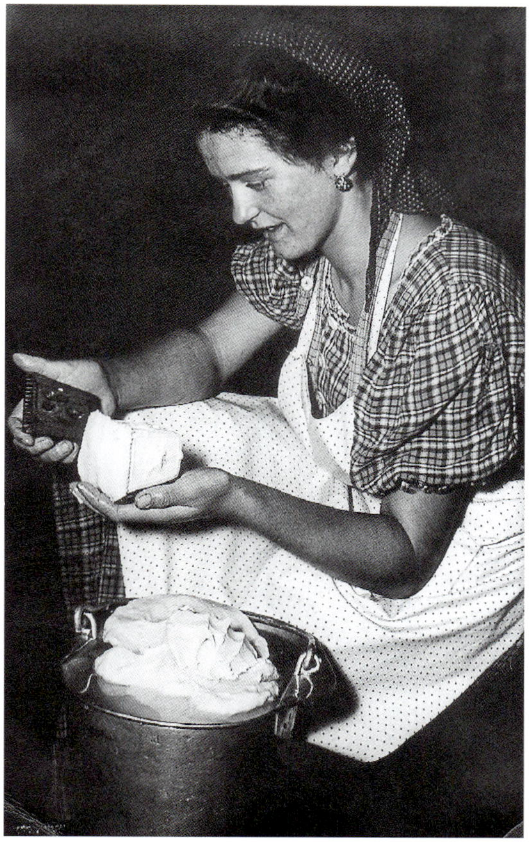

Die Sennerin Frieda Schwaiger (heute Nagl) beim Modeln einer Butter auf der Felderalm bei Rauris.

Im Ausseerland war das Almfachtl der Brauch. Butter und Schotten wurde in einem Schaff, eingebunden in das Fachtltuch, auf dem Kopf ins Tal getragen.

Wie man einen Schotten macht

Schotten ist eine Spezialität, die dem Topfen ähnelt, sich aber durch längere Haltbarkeit auszeichnet. Ein, zwei Mal in der Woche bereitete die Sennerin auf der Alm den guten Schotten zu, der als Basis für die beliebte Frühstückssuppe, die Schottsuppe, diente. Maria Fenz aus der Buchau in St. Gallen, 1924 geboren, erklärt, wie sie einst auf der Alm am offenen Feuer den Schotten hergestellt hat: „Zuerst muss die Milch sauer werden. Wir haben sie in einem Holzschaffel gesammelt und ein paar Tage stehen gelassen. Dann, wenn die Milch schön dick ist, kommt sie in den großen Kessel über der offenen Feuerstatt. Jetzt wird ein schönes großes Feuer angezündet, damit es beim Kessel auch überall gut hinaufbrennt. Das dauert ungefähr eine halbe Stunde, bis es kocht. In dieser Zeit muss man ständig rühren. Wir haben dafür einen langen Sprudler, einen Quirl, verwendet, den wir aus einem Fichtenstamm selbst hergestellt haben. Der Quirl war etwa einen Meter lang und hatte zwanzig Zentimeter lange ‚Zurken', Äste, alle fein entrindet und geputzt.

Wichtig ist, dass du alleweil rührst. Es darf nichts mehr klumpig sein, alles muss so fein sein wie Grieß. Dann ziehst du den Kessel vom Feuer weg. Das ist früher über eine Aufhängung gegangen, man konnte den Kessel hin- und herziehen. Aber auch dabei musste man geschickt sein, denn man konnte sich am heißen Kessel leicht verbrennen.

Noch heiß wird der Schotten jetzt in ein anderes Schaffel geleert. Man lässt ihn ein bissl in Ruh, damit er sich am Boden absetzt, und sich das Wasser oben sammelt. Jetzt braucht man die Schottwiege, eine Art Schaukel, auf die wird ein schönes Leinentuch gelegt und da kommt der nasse Schotten drauf und kann abtropfen. Jetzt wird der Schotten noch ausgepresst, dann wird er weiterverarbeitet.

Er kommt wieder in ein neues Schaffel, du musst ihn gut salzen und alle Tag einmal umrühren, ‚Schotten kneten' nennt man das!

Sonnenwend, Jakobitag und Bartlmai sind die Bauern auf die Alm gekommen und haben auch den Schotten mitgenommen. Der hat dann den ganzen Winter gehalten und war unsere gute Frühstückssuppe!"

Bald tröpfelt der Schottn,
bald läut die Kuahglockn,
bald jugizt mei Bua zu der Hüttn herzua.

Sennerin in der Schaidmooshütte in Taxenbach beim Schottenrühren. Rechts hinter der Sennerin erkennt man die Schottwiege mit dem Schotttuch. Durch das feine Leinentuch wird der Schotten vom Kawasser, der Molke, getrennt und ausgepresst. Der abgekühlte und gesalzene Schotten kommt danach in das Holzgefäß, das in der Bildmitte zu sehen ist. Hier wird der Schotten nun gut eingestampft und über Nacht mit einem Stein beschwert.

Geht's hee!

Hüter und Sennerin hatten einen besonderen Zugang zu den Tieren, mit denen sie den Sommer auf der Alm verbrachten. Sie kannten die Eigenschaften jeder Kuh, sie wussten, ob eine störrisch war oder trotzig und welchen Rang sie innerhalb der Herde einnahm. Sie redeten auch mit dem Vieh, vor allem beim Melken und beim Futtergeben. Man nannte das Tier beim Namen und sagte „Steh ummi!" oder „Lass mi zuachi!", damit die Kuh zur Seite ging. Oder „Gib a Ruah!", wenn man den Schwanz ins Gesicht bekam. *„Wichtig ist, dass man alleweil mit den Viechern redet. Die verstehen mehr, als man denkt! Man kann auch einmal mit ihnen schimpfen, aber schreien soll man nicht. Da werden sie nervös, das mögen sie nicht! Alles muss mit Ruhe geschehen, das ist wichtig."* Das Reden mit den Kühen beim Füttern im Stall hatte ganz praktische Gründe: man musste zwischen den Kühen durchgehen, die damals alle noch Hörner trugen. Durch das Reden verhinderte man, dass die Tiere sich erschreckten und womöglich die Sennerin verletzten.

Veigl und Ruaßl

Eine Kuh hab ich gehabt, das war die Glockkuh, die war schwarz wie Ruß, die hab ich deshalb „Ruaßl" genannt. Dann waren da noch die „Veigl", die „Almrösl", die „Steinrösl" und die „Edelweiß". Diese Namen hat die Sennerin geben dürfen, deswegen sind das alles Namen von der Alm, Almblumen halt.
Ich habe jede einzelne Kuh mit dem Namen gekannt und ich habe von jeder Kuh gewusst, welchen Charakter sie hat. Wenn ich eine Kuh beim Namen gerufen habe, dann ist sie auch sofort gekommen. Wenn eine halt krump war, wenn sie einen verletzten Fuß gehabt hat, und nicht so schnell gehen konnte wie die anderen, dann hat sie mir retour gegeben, dass sie eh kimmt, aber dass es bei ihr halt länger dauert. Sie hat mir mit einem Muhen Bescheid gegeben, dass sie mich gehört hat!

Cäcilia Ebenschwaiger, Stein an der Enns

Halter und Sennerinnen auf einer Almweide im Hochschwabgebiet.

„Heute haben die Tiere Ohrenmarken, um sie zu unterscheiden, aber früher hast du jedes Tier kennen müssen. Bei uns auf der Alm waren oft bis zu hundert Stück Vieh, da musst du schon gut beieinand sein!“

Die Tiere wurden geschimpft und gelobt, je nachdem wie sie sich verhielten. *„In der Früh hast du die Viecher von der Weide zum Melken holen müssen. Aber wenn sie gut aufgelegt waren, dann sind sie freiwillig gekommen. Da tut man sie halt ganz brav loben!“*
Zum Anlocken des Viehs kannten die Sennerinnen typische Lockrufe für jede Tierart. Der Viehruf war eine Art Sprechgesang. Dabei kam es nicht so sehr auf die Worte an, die sich regional unterschieden, sondern auf die Sprachmelodie. In Salzburg rief man etwa „Kuhrei! Kuhrei! Kuhrei Kies!“, in der Steiermark „Kuahla, Kuahla, hedo, kimmts!“. Die Schweine lockte man mit „Focka, Focka, Focka!“ oder „Kemmts Putschala, Putschi, Putschi!“. Die Schweine entfernten sich selten weit von der Hütte, sie kamen gewöhnlich bei Zurufen sofort: *„Die Schweindln sind gleich dahergelaufen! Sie sind zur Hüttentür gekommen und haben hereingeschaut. Da hab ich zu ihnen gesagt: ‚Geht's ummi, kriegt's was!‘ und schon sind sie bei der Hütten ummi zum Stall gelaufen!“*
Die Ziegen rief man, sofern diese eigenwilligen Tiere überhaupt gewillt waren zu folgen, mit Worten wie „Heds, heds, heds!“ oder „Lex! Lex!

Das verwilderte Kalb

Wenn ein Kalb auf der Almweide auf die Welt kommt, dann musst du aufpassen, dass du es sofort nach der Geburt findest. Denn sobald das Kalbl ein bissl auf den Füßen stehen kann, ist es schon auf und davon! Die Mutter geht oft weg und das Kalb bleibt für immer wild, wenn es nicht bald gefunden wird. So ein Tier hat dann für immer den Instinkt eines Wildtieres. Wenn du es im Stall anhängst, gibt es zwar eine Ruh', aber kaum ist es frei, ist es sofort verändert und will wieder davon.
Bei mir hat einmal eine Kuh auf der Alm gekälbert und ich hab das Kalb drei Tage nicht gefunden. Ich hab gesucht und gesucht und gesucht. Dann hab ich es gesehen, im hohen Gras hat es geschlafen. Ich hab mich angeschlichen, es ist munter geworden und hat einen lauten Plärrer gemacht. Sofort kommt die Kuh dahergerannt, die ist über den Stacheldrahtzaun geflogen und hat mich angegriffen, weil sie ihr Kalb verteidigen wollte. Die Mutterkuh hat mich natürlich gekannt – das war nur der erste Moment, in dem sie nicht gewusst hat, wer ich bin! Dann hat sie sich eh beruhigt und ich hab das Kalbl anbinden können.

Ignaz Moser, Stadl an der Mur

„Standhalten" auf der Sandleralm bei Oberwölz. In der Mittagszeit wurden die Tiere in den „Stand" getrieben, eine Weidefläche, in der sie vor den lästigen „Brem", den Bremsen oder Dasselfliegen, geschützt waren.

„Wenn eine ‚Brem' ein Viech gestochen hat, dann ist es dahin gewesen! Da werden sie wild und da rennen sie und dann besteht die Gefahr, dass sie abstürzen. Deshalb haben wir die Kühe in der Mittagszeit in den ‚Stand' getrieben, das war die höchste Stelle, wo immer ein Luftzug da ist."

Auf der Zugriegelalm im Lungau.

Lex!". Diese Ziegenrufe sind wie viele Schafrufe auch eine Verballhornung von „Leckts", also der Aufforderung, Salz zu lecken. Schafe und Ziegen kamen auf Rufe nur dann, wenn sie es gewöhnt waren, dafür sofort Salz zu bekommen.

Rinder wurden oft mit zärtlichen Rufen gelockt: „Geht's hee, meine liabn Dirndlan!" Gerne rief man sie auch mit ihrem Namen: Gräfin, Glück, Segen, Waldin, Enzian, Edelweiß, Almerin, Hirschl, Fuchsl, Scheckl. *„Wichtig war, dass die Viecher die vertraute Stimme gehört haben. Wenn sie einen Menschen gut gekannt haben, dann hat ein kurzer Schrei genügt und sie sind gekommen."* Manche Kühe gaben sogar Antwort, sie muhten zurück und zeigten damit, dass sie den Ruf gehört haben.

Für den Viehhalter, der Jungvieh auf der Weide besuchte, also Vieh, das nicht gemolken wird, war es besonders wichtig, dass die Tiere auf seine Rufe reagierten. Zum Lockruf gehörte deshalb immer auch die Maulgabe aus Salz und Kleie, „Leck" oder „Gleck" genannt. Viehhalter, die ihre Weidetiere besuchten, taten gut daran, sie mit Leckerbissen anzulocken. Sie riefen etwa: „Schatzele! Weibele! Riiiiiekl kimm!" Die Tiere erkannten den unverwechselbaren Ruf der bekannten Stimme und kamen herbei, in Erwartung der Salzgabe. *„Es war ganz, ganz wichtig, dass man dem Vieh vertraut war. Vor allem die Kälber sind schnell nicht mehr gekommen, wenn man ihnen nicht regelmäßig ‚Leck' gegeben hat und sie dabei gerufen hat."*

Viele alte Sennerinnen beklagen, dass es die enge Beziehung, die früher zwischen Mensch und Tier herrschte, längst nicht mehr gibt. Die Folge ist, dass die Tiere „schichti", schüchtern, werden und nicht mehr so „folgen" wie früher. Auch die Selbstverständlichkeit, jedes Tier bei seinem Namen zu nennen, ist heute verschwunden. Die schönen alten Sprechgesänge der Viehlockrufe hört man nur mehr sehr selten. Heute, da auf den Almen nicht mehr täglich gemolken wird, besteht auch keine Notwendigkeit mehr, die Tiere an die Rufe zu gewöhnen und sie regelmäßig heranzulocken. „Moderne" Kühe reagieren auf das Motorgeräusch ihres Viehhirten. *„Sie kennen genau den Ton des Motors. Früher hab ich ‚Geht's hee!' gerufen, jetzt brauch ich nur mit dem Auto zu kommen und die Viecher sind alle da!"*

Viehlockrufe

Heda meine Kuahlan! Kemmts! Kemmts!
Glückl, Scheckerl, Manndi he do!
Schauts, kriagts a Salzerl und wos Guats!
He do meine Kuahlan kemmts!

Lockrufe für das Vieh, aufgezeichnet 1967 von Karl Haiding in Bad Goisern

Auf der Gsengalm im Lammertal.

„Glück, Segen, Enzian, Almrausch, Liabin, Vogei – jede Kuh hat halt ihren Namen gehabt und den haben sie auch verstanden und auf den haben sie auch gehört."

Der Halter Heinrich Diepold in einem Unterstand auf der Mitteralm am Hochschwab.

„Du musst eine Beziehung zu den Tieren aufbauen. Man muss immer zuwireden, sonst werden sie scheu."

Ein Kalb in Bergnot

Ich habe bei uns auf der Alm gerade ein Gatter gerichtet und sehe hinunter zu einer Weide, auf der einige Mutterkühe grasen, da fangt auf einmal eine von denen an zu plärren und hört nicht mehr auf. Wenn eine Mutterkuh andauernd schreit und reart, dann ist das ein Zeichen, dass etwas nicht stimmt.
Ein Sauwetter hat es gehabt, das Wasser ist mir schon bei meinen Stiefeln rausgeronnen, aber ich hab sofort zu meinem Bruder gesagt: „Da geh ich jetzt hinunter! Ich muss nachschauen, was da los ist!" Unten hab ich schnell gemerkt, dass ein drei Monate altes Kalb fehlt. Ich war mir sicher, dass es abgestürzt ist und ich bin überall herumgekraxelt, um es zu suchen. Ich find' das Kalbl net! Zwei Stunden hab ich gesucht und ich finde es nicht. Zwischendurch bin ich immer wieder zu der Kuh hin, die noch immer am gleichen Fleck gestanden ist und die ganze Zeit über nach ihrem Kalb geschrien hat.
Dann hab ich mit der Kuh geredet: „Ich kann dir nicht helfen! Ich find dein Kalbl net!" Ich hab zu ihr gesagt: „Schau, dass d' wieder auffi kimmst zu den anderen!" Ich geleite die Kuh vielleicht fünf, sechs Meter, da reart auf einmal das Kalbl. Unter meinen Füßen war eine Felsspalte, ganz überwachsen mit Wasen und Kranawettstauden. Den Schrei von dem Kalbl hör ich heute noch! In seiner letzten Verzweiflung hat es mich mit der Kuh reden gehört und laut geplärrt! Ich hab den Schrei direkt unter mir gehört, wie aus einem Keller. Ich hab gemeint, ich steh direkt drauf auf dem Kalbl.
Jetzt seh ich das Kalb, eineinhalb oder zwei Meter tief unten. Es muss blöd da drüber gesprungen sein und dann abgerutscht. Ich hab mir nur gedacht: Gott sei Dank, dass ich es gefunden habe!
Es war eine Mordsprozedur, das Vieh da heraufzubringen. Zu fünft haben wir herumgemurkst. Als die Kuh dann gesehen hat, dass ihr Kalb wieder gesund heroben war, hat sie einen Grummler gemacht und ist gegangen.
Ich erzähle diese Geschichte, weil man heute auf den Almen oft nur mehr ein Mal in der Woche nach den Tieren schaut. Aber an diesem Vorfall sieht man, wie wichtig die Almleut' sind. Wenn wir damals nicht da gewesen wären, wäre das Kalb tot gewesen.

Toni Steinberger, St. Veit im Pongau

Ein neugeborenes Kalb auf der Roßalm bei Oberwölz wird versorgt.

„Wenn eine Kuh im Freien kälbert, musst du sofort da sein. Schon am zweiten Tag ist das Kalb nicht mehr zum Erwischen. Die Kälber werden dann so scheu, da kommst du nicht mehr dazu. Sobald ein Mensch da ist, rennt das Kalb weg. Es wird scheu wie das Wild!“

Der Viehhüter und sein Hund

Der Hüter oder Halter hatte nur eine Aufgabe: er musste aufs Vieh schauen. Ein Hüter war nicht für das Melken, Buttern und Käsen zuständig, er sorgte dafür, dass kein Stück Vieh verloren ging oder abstürzte. Früher, als es auf den Almen noch kaum Zäune gab, war es der Viehhalter, der die Tiere einerseits von gefährlichen Stellen wegtrieb, andererseits zu den vorgesehenen Weideflächen hinführte. Außerdem musste er die Tiere ständig beobachten: War eines krank? War eine Kuh trächtig? Er sollte alle Anzeichen so früh wie möglich erkennen und dann die richtigen Entscheidungen treffen, etwa ob ein Tierarzt zu holen ist.

Der Hüter war den ganzen Tag auf den Beinen. Mit seinem Bergstock und häufig in Begleitung seines Hundes durchstreifte er das Weidegebiet von früh bis spät. Es hieß: *„Wenn du keinen Hund hast, dann musst du selber der Hund sein!“* Ein guter Treibhund treibt die Herde zusammen, auch wenn die Tiere weit verteilt sind. *„Wenn du ohne Hund warst, dann haben das die Küh' sofort gemerkt. Dann hast jeder Kuh nachrennen müssen. Oft eine halbe bis eine dreiviertel Stunde hast du dann die Kühe getrieben.“*

Ein guter Hund nahm seinem Herrl viel Arbeit ab und unterstützte ihn. Doch was machte einen guten Treibhund aus? Wenn er die Kühe trieb, musste er sich der Kuh immer von hinten nähern, niemals durfte der Hund „zum Kopf gehen“. Rennt der Hund zum Kopf, dreht die Kuh immer um und lässt sich nicht in die richtige Richtung treiben. Außerdem stößt die Kuh dann mit ihren Hörnern nach dem Hund. Nach Meinung erfahrener Viehhalter konnte man diesem Verhalten schon bei der Auswahl der Welpen entgegensteuern: *„Du musst einen Hund nehmen, der bei den hinteren Zitzen trinkt. So ein Hund rennt später nicht zum Kopf!“* Besonders gute Hirtenhunde sollten „vieraugerte“ Tiere sein, also Tiere bei denen man „Augenbrauen“ sieht.

Gut sind auch Hunde, die viel bellen. Denn getrieben wird durch Laufen, Bellen und Beißen. *„Wenn die Viecher net weitergegangen sind, dann haben die Hund' sie ganz leicht in die Hinterfüß' gebissen. Wenn die Kuh ausschlagt, dann duckt sich der Hund.“* Diese Erfahrung lehrte die Kuh, schon beim Bellen des Hundes zu gehorchen. *„Ich hab oft nur mit den Fingern geschnalzt, dann hat der Hund gewusst, er muss*

Der Pongauer Toni Steinberger mit seinem Treibhund „Spezei“. Der schwarze Spitz war ein ausgezeichneter Hüterhund. Allein bei seinem Anblick haben die Kühe sich schon in Bewegung gesetzt.

„Ein Treibhund muss viel bellen. Wenn er zu den Kühen rennt und nur beißt und nie bellt, dann ist es für die Kühe zu gefährlich. Aber es passt auch nicht, wenn er gar nie beißt. Ein bissl nach dem Hinterfuß schnappen muss er schon, sonst kann er sich bei der Kuh keinen Respekt verschaffen.“

bellen. Die Viecher haben dann gewusst, sie müssen jetzt gehen, weil sie den Hund schon gekannt haben. Sie haben genau verstanden, dass der auch beißen kann!"
Die Hunde hörten auch auf Kommandos: „Jetzt geh!", „Hol die!", „Schau!", „Geh drauf!" oder „Such!" Nach einer Ausbildung einen Almsommer lang, waren diese Hunde vierzehn, fünfzehn Jahre lang treue Gefährten der Viehhüter.

Heute sieht man auf den Almen fast keine Treibhunde mehr. Dafür bringen umso mehr Gäste ihre Hunde mit auf die Alm, was bei Mutterkuhhaltung zu sehr gefährlichen Situationen führen kann. Die talentierten Treibhunde hingegen sind in unseren Breiten statt in den Bergen immer öfter bei einer der durchziehenden Wanderschafherden im Tal zu finden.

Die „Karenzvertretung"

Ich hab a recht a guats Hunderl gehabt, ein Weiberl, die sollte noch Junge bekommen, bevor sie zu alt dafür gewesen ist. Sie hatte eine sehr gute Abstammung, lauter gute Treibhunde, deswegen wollte ich aus dieser Linie noch junge Hunde haben.
Ich habe mir einen Hund ausgeliehen und zum Decken mit auf die Alm genommen. Gleichzeitig sollte er auch die „Karenzvertretung" für das Weiberl sein, also für ein paar Wochen mein Treibhund. Aber kaum ist die Hündin schwanger, verliert der das Interesse und ist auf und davon! So, jetzt ist der in eine Fuchsfalle geraten und hat sich den vorderen Haxen schwer verletzt. Alles war offen, das Boa hat aussagschaut. Ich habe ihn mit Pech behandelt und den Fuß gespanlt. Aber es hat nicht geklappt, er hat lange gehinkt. Jetzt ist meine „Karenzvertretung" ausgefallen und ich musste beim Viehhüten ohne Hund auskommen.
Ich habe im nächsten Jahr eine andere Arbeitsstelle angenommen und konnte das Weiberl nicht mitnehmen. Jahrelang war sie mein Treibhund gewesen und jetzt hat sie bei uns daheim zurückbleiben müssen. Sie hat nichts mehr gefressen, als ich nicht mehr da gewesen bin. Sie ist jeden Tag immer nur beim Anger gesessen und hat geschaut, ob ich komme. Mein Bruder hat sie schließlich von ihrem Leiden erlöst und sie erschlagen.

Franz Hartl, St. Veit im Pongau

Der Halter Johann Oberzaucher auf der Obermillstätter Alm.

Ein Almhalter musste sich auch bei Verletzungen des Viehs zu helfen wissen. Steinöl oder Lärchenpech wurden als Zugsalbe bei eingetretenen Dornen verwendet, Enzianschnaps und Arnikaschnaps zum Einreiben und als Umschläge eingesetzt, auch Meisterwurz, die „Moasterwurz", genoss als vielseitiges Heilmittel große Wertschätzung.

Die Goaßn, die Luadern

Im Märchen der Brüder Grimm „Tischlein deck dich“ wird die Ziege als hinterhältig und launisch beschrieben. Zuerst erklärt sie: „Ich bin so satt, ich mag kein Blatt.“ Wenig später aber meckert sie: „Ich sprang nur über Gräbelein und fand kein einziges Blättelein! Mäh! Mäh!“ Steckt gar ein Körnchen Wahrheit in diesem Märchen? Sind Ziegen schwierige Charaktere, stur und kapriziös?
Erfahrene Ziegenhalter berichten, dass man mit dem eigenwilligen Wesen dieser Tiere richtig umgehen musste: „Die Goaßen sind ein bissl eigen. *Du hast sie niemals grob behandeln dürfen, weil dann waren sie gleich sehr beleidigt. Mit denen hast du sorgsam umgehen müssen. Das waren halt die spinnerten Viecher!“* War eine Ziege einmal „beleidigt“, dann ließ sie sich auch nicht mehr melken. Die Ziegenmilch aber hatte früher, besonders für arme Menschen, große Bedeutung. Oft war sie das einzige Stück Vieh einer Familie, die „Kuh des armen Mannes“. Im Verhältnis zu ihrem Körpergewicht und zu ihrer Futteraufnahme liefert eine Ziege dreimal so viel Milch wie eine Kuh. Die Milch war auch der Grund, warum Ziegen auf den Almen gehalten wurden. Ziegenmilch wurde wegen ihres starken Eigengeschmacks zwar nicht gerne getrunken, war jedoch zum „Kasmachen“ gut geeignet. Man sagte, der Käse schmeckte viel besser, wenn ein wenig „Goaßmilch“ dabei war. Außerdem beweideten die flinken Ziegen Flächen, die für Rinder nicht geeignet waren. Ziegen können sogar die eine oder andere für Kühe und Schafe giftige Pflanze problemlos zu sich nehmen. Sie halten die Alm sauber, denn sie fressen Schwarzbeer- und Wacholderstauden, die sonst bald den ganzen Almboden bedecken würden. Andererseits gelten die Ziegen als Waldfeind schlechthin, weil sie mit dem gleichen Appetit auch die Jungkulturen aller Baumarten vernichten.
Mit ihrer Intelligenz und ihrer Unternehmungslust brachten die Ziegen auf der Alm so manche Sennerin und so manchen Halterbuben zur Weißglut: *„Die Goaßen sind ja gschaftige Luadern! Wenn sie irgendwas zum Stehlen kriegen, holen sie es sich! Alles, was sie nicht haben sollen, das fressen sie zusammen, die Luadern. Die Blumen vor der Hütte, zum Beispiel, wenn du da nicht aufpasst – dann sind sie schon weggefressen!“* Ziegen sind sehr kluge und

„Viele Ziegen bei uns auf der Alm waren Häuslergoaß'. Unten im Tal gab es Eisenbahnbedienstete, die ein Bahnwärterhäusl betreut haben, da hat jeder vielleicht ein, zwei Goaß' gehabt. Die haben sie im Sommer zu uns auf die Alm gebracht. Wenn das eine gute Goaß war und sie viel Milch gegeben hat, dann hat ihnen der Vater im Herbst einen Laib Käse dafür gegeben."

neugierige Tiere. Ständig versuchen sie, Grenzen zu überwinden, über Zäune zu klettern und sogar Türen zu öffnen. Sie nutzen jede Gelegenheit, um auszureißen und Neues zu entdecken. Auf der Alm musste man die „Goaßn“ ununterbrochen suchen und zurückholen. *„Du kannst einer Goaß aber net nachlaufen! Die lässt sich nicht finden! Das sind so eigenwillige Viecher. Du kannst oft gar nichts tun, als nur warten, bis sie am nächsten Tag wieder freiwillig zurück zur Hütte kommen.“*

„Gretei“ Krallinger aus Annaberg hatte fünf Geißen auf der Alm: *„Die Goaßen sind allweil zum Nachbarn hinunter! Dann hat unser Hüter eines Tages gesagt: ‚Jetzt reichts! Das geht nicht mehr so weiter, wir müssen etwas tun, damit sie nicht immer ausreißen.‘ Er hat mit einer Eisenstange Löcher in den Boden gebohrt*

Der Goaßbock, die Lederhose und der Deutsche

Bei uns auf der Porschealm haben wir im Sommer einen schönen großen Goaßbock gehabt. Er ist richtig gewaltig dahergekommen und auch sein Geruch war dementsprechend! Sein Stall, der im Winter ja leer gestanden ist, hat noch im Frühjahr nach ihm gestunken, so intensiv waren seine Ausdünstungen!

Trotzdem war er bei den Leuten sehr beliebt. Der Goaßbock war nämlich ganz verrückt nach Zigaretten! Wenn er irgendwo Leute stehen gesehen hat, ist er sofort zu ihnen hin und hat sie um Zigaretten angebettelt. Sogar aus den Brusttaschen der Hemden hat er die Zigarettenpackerln herausgestohlen.

Einmal, im Fasching, haben sie den Bock ausgeliehen, in eine Steige getan und mit Reisig bedeckt – als Sensation für die Leute! Aber das hat nicht lange gedauert, dann sind alle Faschingsgäste gegangen, weil er so gestunken hat.

Dann haben sie beschlossen, ihn nach seinem Tod zu präparieren. Gegen den Gestank hat man ihn etwa ein halbes Jahr vorher noch kastrieren lassen – nun war der Geruch weg!

Ein Verwalter bei uns hat allerdings eine Lederhose von einem nicht kastrierten Goaßbock gehabt. Immer, wenn er damit ein Geschäft betreten hat, haben die Leute sofort gesagt: „Was stinkt denn da auf einmal so?“

Das war natürlich eine peinliche Sache! Der war richtig froh, als ihn ein Gast, ein Deutscher, auf die Lederhose angesprochen hat und auch unbedingt so eine hat haben wollen. Ja, was soll ich sagen, der Deutsche hat die Lederhose sehr, sehr günstig bekommen!

Franz Hartl, St. Veit im Pongau

Rosi Steinberger beim Ziegenmelken auf der Unterhofalm im Pongau. Als Belohnung, wenn die Goaß beim Melken ruhig gestanden ist, bekam sie hinterher eine Belohnung. Meist war es „Leck", eine Mischung aus Salz und Kleie.

Der Melker Franz Hartl von der Porschealm mit einem prächtigen „Goaßbock".

„Mit den Goaß' muss man umgehen können. Da muss schon a weng a Sympathie auch da sein. Ich hab ihnen ins Ohrwaschl gebissen, wenn sie mich geärgert haben. Das haben sie sich dann gemerkt!"

und in jedes Loch dann zwei Haxen von einer Goaß hinein gestellt und mit Steinen bedeckt. So, jetzt ist sie mit zwei Füßen heraußen gestanden und mit zwei Füßen im Loch und konnte nicht mehr weglaufen. Kaum war sie da drinnen, hat sie angefangen zu schreien und nicht mehr aufgehört! Drei, vier Stund' ist das so gegangen, dann hat sie mir erbarmt und wir haben sie wieder ausgelassen. Aber die Lektion hat sie gelernt! Danach ist eine Zeitlang eine Ruah gwen! Sie ist nicht mehr zum Nachbarn hinuntergegangen!"

Die Entdeckerfreude der Ziegen machte auf den Menschen den Eindruck, als sei sie boshaft und nicht folgsam. Hing die Sennerin Wäsche vor die Hütte, schon schnappte die Geiß sich ein Stück und biss darauf herum. Ließ man die Hüttentür offen, war sie schon drinnen. Jeden Tag möchten Ziegen Neues entdecken. Sie lernen schnell, aber nur um es beim nächsten Mal doch wieder anders zu machen.

Trotz allem, wenn die Bergmahder im August kamen, um auf den entlegenen Bergwiesen das gute Bergheu zu mähen, dann nahmen sie gerne eine Geiß mit. Zur Jause gab es dann frische „Goaßmilch". Man sagt, wenn man sich an ihren Geschmack erst einmal gewöhnt hatte, dann schmeckte die Milch, eiskalt oder heiß getrunken, sogar vorzüglich!

Ein ganz anderes Kapitel waren die Ziegenböcke, die, solange sie nicht kastriert waren, einen penetranten Geruch verbreiteten. *„Einmal hat bei uns einer aufs Gericht nach Salzburg müssen. Er ist aber, bevor er gefahren ist, kurz mit einem Goaßbock in Berührung gekommen. Wenn man nur in die Nähe von so einem Bock gekommen ist, dann hat man selbst auch sofort furchtbar gestunken. Derjenige hat den Gerichtssaal nur kurz betreten und hat ihn gleich wieder verlassen müssen. Er hat so gestunken, dass sie ihn aus dem Gericht gejagt haben!"*

Dieser alles durchdringende Gestank der Ziegenböcke soll nach altem Volksglauben sogar Heilwirkung besitzen. Viele Bauern hielten in ihrem Stall immer auch einen „Goaßbock", damit er die Krankheiten vertreibe. Es hieß, allein die Anwesenheit des Bocks reiche schon aus, um die anderen Tiere im Stall gesund zu erhalten. Die Ziege würde alle Krankheiten auf sich nehmen und so die Kuhherde gesund erhalten. Dieser Aspekt geht auf den „Sündenbock" des Alten Testaments zurück, wo alle Sünden des Volkes Israel dem Ziegenbock aufgeladen werden, bevor dieser in die Wüste geschickt wird.

Die Ziege, das älteste Haustier des Menschen, schien in den letzten Jahren tatsächlich wie vom Erdboden verschluckt. Erst allmählich erleben die Ziegenprodukte wieder eine stärkere Nachfrage Die gesunde, fettarme Ziegenmilch und allen voran der gute Ziegenkäse werden wieder in zahlreichen Hofläden und auf Bauernmärkten angeboten.

Die Sennerinnen Tilli und Agnes mit ihren „Goaßen" auf der Strickeralm im Großsölktal.

Und wann's amol schen aper wird und auf die Almen grean,
wann der Goaßer mit die Goaßlan geht und d' Sennrin mit die Kiah."

Die Almsau

Eine Alm ohne Sau – undenkbar! Eine Mastsau, oft mit Ferkeln, gehörte früher zum Almleben genauso dazu wie das Melken, das Käsemachen und die Butterherstellung. Der Grund dafür war, dass man die Almschweine mit dem „Kaswasser", der Molke, aufs Vortrefflichste ernähren konnte. Das Fleisch dieser Schweine soll eine wahre Delikatesse gewesen sein: *„So weich! So feinfaserig! Das war ein guats Schweinsbratl!"*
Schweine sind intelligente, aber auch eigenwillige Tiere. Wollte man mit ihnen ein Stück des Weges zurücklegen, musste man sich auf einige „Extrawürstln" gefasst machen. Schweine gehen nicht gerne über Brücken, also mussten sie oft darübergetragen werden. Entdeckten sie unterwegs Wasser, so suhlten sie sich darin und konnten kaum mehr herausgebracht werden. Hatten sie keine Lust mehr zu gehen, blieben sie stur stehen und waren schwer zu bewegen weiterzugehen. Gerne verließen sie den Weg und schlugen sich ins Gebüsch. Routinierte Sautreiber hatten für solche Fälle stets ein paar Äpfel dabei, mit denen sie die Schweine auf der vorgegebenen Route halten konnten.

Auf der Alm durften die Schweine frei herumlaufen. Sie fraßen „Plotschn", Pilze und mit Vorliebe Schwarzbeeren und Preiselbeeren. Die Almschweine waren sehr zutraulich, sie kamen auf Zuruf zur Hütte oder reagierten auf Klopfzeichen, etwa wenn zwei Holzgegenstände gegeneinandergeschlagen wurden. Tiere, die diesen Klang gewöhnt waren, eilten sofort herbei, egal wo sie sich gerade befanden.
Für so manche Sennerin war die Almsau eine Art Haustierersatz: *„Wenn sie mich gesehen hat, hat sie sich auf den Rücken geworfen und ich hab sie am Bauch kratzen müssen. Sie hat mir so richtig ihr Wamperl entgegengestreckt! Sind fremde Besucher gekommen, dann ist sie schnell in den Stall hineingehuscht. Zutraulich waren die Schweine nur bei mir. Wenn sie mich gesehen haben, dann haben sie sofort als Begrüßung gegrunzt und ‚geroffelt'!"*
Auf manchen Almen wurde für die Sauen das Islandmoos, die „Graupen", von weither gebracht und als Saufutter verkocht. Meist genügte aber die so genannte „Sauplotschn", der Alpenampfer, als Zusatznahrung. Dass man die Schweine oft „Plotschi" oder „Plantschi" rief, hängt wohl mit ihrer

Die Sennerin Liesl auf der Hohenseealm im Großsölktal beim Füttern der Schweine.

„Die Sauen haben die Molke getrunken. Das ist ja ganz etwas Gutes! Das wäre auch für den Menschen gut und auch den Sauen hat das gut getan. Sie sind auf der Alm schön fett geworden!“

Vorliebe für die großen Blätter, die „Plotschn", zusammen. Alpenampfer ist ausgesprochen stickstoffliebend und deshalb ein „Düngerzeiger". Er markiert Stellen, wo einst Vieh gehalten wurde und wo Almhütten standen. Wenn eine Alm aufgelassen wurde, findet man an der Stelle Jahrzehnte, manchmal sogar Jahrhunderte später noch den Alpenampfer, selbst dann, wenn von der ursprünglichen Almhütte kaum noch sichtbare Überreste existieren.
So eng das Verhältnis zu den Schweinen auf der Alm auch war, im Herbst, spätestens aber zu Weihnachten, landeten sie als Braten im Ofen und als knusprige Grammeln in der Pfanne. Die Sau und ihre Ferkel, die „Putscherln", wurden gemästet, damit sie auf der Alm wuchsen und ordentlich an Gewicht zulegten. Die gesunde Molke als Nahrung und die artgemäße Tierhaltung mit viel Bewegung führten zu einer Fleischqualität von erster Güte.
In den Eisenerzer Alpen nennt man das Schmalzgebäck, das beim Almabtrieb von der Sennerin verteilt wurde, „Säuling". Wahrscheinlich benannte man die Krapfen nach den „Sauen", weil sie beim Auftrieb und erst recht beim Abtrieb für allerhand lustige, manchmal auch nervenaufreibende Begebenheiten sorgten!

Sautreiben – eine Nervenprobe!

Eine Sau auf die Alm zu treiben, das war eine schwierige Sache! Einmal hab ich eine tragende Sau auftreiben müssen, die ist nicht und nicht weitergegangen. Normalerweise gehen die Schweine ja lieber hinauf als hinunter, aber die hab ich einfach nicht weitergebracht. Sie wollte nicht gehen!
Hauen darf man eine Sau nicht, weil sie davon schnell blaue Flecken kriegt. Was tust? Schieben? Du brauchst Geduld, viel Geduld! Denn die alten Schweinerassen waren sehr empfindlich und haben leicht einen Herzinfarkt bekommen. Das ist mir auch einmal bei einer Sau passiert, dann kann man gar nix mehr tun. Denn eine Mund-zu-Mund-Beatmung, die mache ich bei einer Sau ganz sicher nicht!
Aber zurück zu der tragenden Sau. Sie hat sich so lange nicht bewegt und nicht von der Stelle gerührt, bis ein Gewitter gekommen ist und es zu hageln angefangen hat. In dem Moment ist sie auf und davon! Sie ist so schnell gerannt, dass ich ihr fast nicht mehr nachgekommen bin. Den Weg zur Hütte hat sie alleine gefunden!

Brigitte Pirchner, Hüttschlag im Großarltal

Die Schweine gehörten zum Almleben dazu, hier auf der Ranzenkarhütte im steirischen Ennstal.

„Einmal marschiere ich von unserer Alm hinunter zur niederen Alm und die ganze Zeit sind meine drei Sauen hinter mir hergelaufen, ohne dass ich es bemerkt habe. Die sind meiner Spur nachgegangen, ich hab sie den ganzen Weg über nie gesehen. Und auf einmal sind die Sauen da! Wie ein Hund laufen die einem nach!"

Schafe auf der Alm

„Schafe muss man in regelmäßigen Abständen auf der Alm suchen und ihnen Salz geben. Wenn man das nicht tut, können sie verwildern. Man hat gesagt, dann fangen sie wie eine Gams zu pfeifen an. Wenn man länger keinen Kontakt mit ihnen gehabt hat, dann ist es im Herbst auch schwer, sie zu erwischen. Da haben wir schauen müssen, dass wir alle noch kriegen, bevor es zu schneien anfangt. Die, die man nicht mehr eingefangen hat, die hat man halt abschießen müssen."

Schafe im Auseerland (li.) und am Ranzenkar in der Obersteiermark (o.).

„Die Schafe sind am Ranzenkar sich selbst überlassen gewesen. Sie sind dort allein am Grat entlanggegangen, nur ab und zu hat sie einer gesucht, um ihnen Salz zu geben. Und ein paar Mal haben wir auch ein Schaf geholt und daheim o'gstochn. Im Sommer hat es als frisches Fleisch ja nur Schaffleisch gegeben. Alles andere war Geselchtes."

Schafe vor einer Almhütte auf der Gößler Alm im Ausseerland.

„Wenn Schafsucher unterwegs waren, die haben owigjuchazt von der Höh'."

Von braven und von bösen Stieren

Früher sagte man: Ein Stier gehört zur Kuhherde. Wie sonst hätte man in den Zeiten vor der künstlichen Besamung Kälber bekommen? Aber nicht nur Stiere, sondern auch Zugtiere wie Ochsen und Pferde waren auf vielen Almen zu finden. Mit den Traktoren verschwanden die Arbeitstiere und mit den ersten Touristen auch die Almstiere. Denn so „brav" ein Stier auch zu sein schien, die Menschen hatten gehörigen Respekt, oft sogar Angst vor den gewaltigen Tieren.

Diese Furcht ist nicht unbegründet. Man sagt, dass die Stiere, wenn sie älter werden, ihren Charakter verändern. *„Wenn ein Stier älter wird, dann wird er deppert. Dann fliegt er den Bauern, der ihm schön tut, an! Eine Kuh kann auch wütend werden, aber nie so wie ein Stier."* Immer wieder hört man Berichte von Stieren, die plötzlich aggressiv wurden. Jahrelang waren sie unauffällig und friedlich, dann von einem Augenblick zum Nächsten veränderten sie ihr Wesen und attackierten die Sennerin oder den Viehhüter.

Eine dieser tragischen Geschichten trug sich auf dem Schrettenkar in der Walchen bei Öblarn zu. Cilli Ebenschwaiger, die damals dort Sennerin war, erinnert sich: *„Auf einmal brüllt der Stier die ganze Zeit und die Thresl kommt nicht. Ich habe gewusst, da stimmt etwas nicht, weil sonst hat sie immer zu uns heruntergejuchazt. Aber niemand juchazt. Alles ist still. Deswegen sind wir hinauf, um nachzuschauen, was da los ist. Zuerst haben wir nur den wilden Stier gesehen und dann haben wir die Thresl gefunden. Sie ist blutig dagelegen und war tot. Er hat sie niedergetrampelt und zerdrückt.*

Sie hat immer gemeint, ihr Stier ist eh friedlich. Aber ich sag' heute noch, bei einem Stier kann man sich nie sicher sein! Der ist auf einmal wütend geworden, der war nicht gut aufgelegt und dann ist es passiert. So ein Stier hat ja eine enorme Kraft! Der wiegt 700, 800 Kilo!

Der Bauer ist dann mit seinem Ochsengespann gekommen und hat die Frau geholt. Wir haben Graßlatschen auf den Wagen draufgelegt und dann die tote Frau. So sind sie heimgefahren und haben sie daheim auf die Bahre gelegt."

Als Cilli Ebenschwaiger und eine andere Sennerin zur Alm gekommen waren, hatten sie die Tote nicht gleich entdeckt, sondern versuchten als Erstes den brüllenden Stier in den Stall zu führen. Cil-

Ein Stier auf der Gsengalm im Sölktal.

Und wiar i auf die Alma kimm,
da brummelt schon der Stier,
da siach i schon die Hittn stehn
und jauchz vor ihrer Tür.

li nahm die Futterschüssel, um den Stier anzulocken, die andere Frau die Mistgabel als Waffe. *„Da hat der Stier schon angefangen mit seinen Vorderfüßen zu graben. Und wenn er das tut, dann musst du schnell verschwinden!"*
Dieser Stier trug keinen Nasenring, an dem man ihn hätte führen können. Dabei wird ein Metallring in die Nasenscheidewand eingesetzt. Da die Nase eine sehr empfindliche Stelle ist, lässt sich das Tier dann leichter lenken. Unsere Redewendung „jemanden an der Nase herumführen" leitet sich vom Nasenring her, der früher nicht nur den Stieren, sondern auch den Tanzbären am Jahrmarkt angelegt wurde. Am Nasenring wurde ein Stecken befestigt – so konnte das Tier aus einiger Distanz geleitet werden.

Eine weitere Möglichkeit, Stiere zur Vernunft zu bringen, war der umstrittene Ringstecken, ein altes Hirtengerät. *„Wenn du dem Stier mit dem Ringstecken auf die Nase gehaut hast, das hat dem schon wehgetan. Dann hat er den Kopf gebeutelt und ist zurückgewichen."* Der Ringstecken, ein Prügel mit schweren, scheppernden Eisenringen blieb den Stieren noch lange im Gedächtnis. Es genügte, mit ihm zu rasseln, um der Stiere Herr zu werden. Viele Hüter lehnten jedoch den Ringstecken ab, sie schnalzten lieber mit der Peitsche und verwendeten ihren gewöhnlichen Hirtenstab. Die meisten Hüter hatten zudem einen guten Hirtenhund, der sich auch bei den großen Stieren Respekt verschaffen konnte.

Der Stier vor der Häusltür

Bei uns auf der Alm musste ein Besucher aufs Klo gehen, das sich in einem Nebengebäude befand. Es war ein Plumpsklo, wie es früher halt der Brauch war.
Und gerade, wie er da sitzt, kommt der Stier daher und stellt sich ausgerechnet vor die Klotür. Jetzt muss man dazusagen, dass man durch die Brettertür ziemlich gut hinausgesehen hat, weil die recht notdürftig zusammengenagelt war. Der sieht den Stier also direkt vor sich stehen und traut sich natürlich nicht mehr hinaus. Er wartet und wartet, bis der Stier endlich weggeht, aber der rührt sich nicht von der Stelle. Der ist allweil vor dem Türl stehen geblieben!
Der Besucher hat im Häusl so lange warten müssen, bis der Hüter gekommen ist, denn niemand sonst hat sich getraut, den Stier wegzujagen.

Kathi Gruber, Hüttschlag im Großarltal

Der Almstier Bruno 1958 auf der Salzburger Unterhofalm. Bruno soll ein ausgesprochen gemütliches und gutmütiges Tier gewesen sein.

Wer dieses Bild sieht, versteht die Redewendung „den Stier bei den Hörnern packen“!

„Meistens sind die Stiere eh ein bissl bösartig gewesen. Besonders bei den älteren Stieren hat man gut aufpassen müssen.“

Ein „Wetter" in den Bergen

Wer je ein Gewitter in den Bergen erlebt hat weiß, welche Gewalt sich da entlädt. Der Donner hallt an den Felswänden und den Berghängen und kracht dadurch ungleich lauter als im Tal. Die Gefahr eines Blitzschlags ist allgegenwärtig und eine ständige Bedrohung für Mensch und Vieh.

Eine Salzburger Sennerin schildert eindrücklich ihre Gefühle bei einem Berggewitter: *„Unwetter auf der Alm hab ich allweil sehr gefürchtet. Wenn es gedonnert hat, dann hat die Hütte gleich nur so gewackelt! Und wenn der Blitz in der Nähe eingeschlagen hat, dann hat die Hütte gezittert! So ein Gewitter ist am Berg anders als daheim, weil alles viel lauter ist als im Tal unten."*

Auch die Tiere werden unruhig, wenn sich ein Unwetter ankündigt: *„Die Viecher riechen das Unwetter direkt, die spüren das schon vorher. Überhaupt den Hagel fürchten sie sehr! Die Kälber springen dann im Freien auf ein Häufl zusammen, weil sie sich so ängstigen."*

Der erfahrene Almhalter Johann Schlick aus Stadl an der Mur weiß das Verhalten der Rinder vor einem Gewitter zu deuten: *„Solange die Viecher liegen bleiben, auch wenn es donnert, brauchst du nicht hinunter zur Hütte zu gehen. Aber wenn sie aufstehen, nachand musst schnell weg!"* Sind die Tiere auf sich allein gestellt, suchen sie in Mulden und unter Bäumen Zuflucht, wodurch sie sich selbst in Gefahr bringen. Unter den Bäumen sind sie geradezu eine Zielscheibe für Blitze. Wenn ein Blitz das Vieh trifft, dann weisen die Kadaver entsprechende Verletzungen auf: *„Bei uns hat der Blitz einmal zwei Kälber erschlagen. Vorne beim Maul ist der Blitz eingefahren und bei den Zitzen wieder heraus!"*

Mehrere erfahrene Almleute berichten auch übereinstimmend, dass bei einem Blitzeinschlag eine Art Druckwelle entsteht. Hans Schlick: *„1955 ist ein Wetter von der Turrach über den Kreischberg mit dem Südwind zu uns gekommen. Es klescht und poscht und donnert und dann seh' ich zehn Meter vor mir eine Kugel, rund wie eine Erdkugel. Ich nehme an, das war ein Kugelblitz. Es gibt einen Klescher, der Blitz schlagt neben mir ein und löst eine solche Druckwelle aus, dass es mich auf der Stelle niedergeworfen hat. Ich habe keine Luft mehr bekommen und wär' fast erstickt. Es war ein Gefühl, als ob es dir die Lungen zerreißt!"*

Schlägt ein Blitz in unmittelbarer Nähe eines Menschen ein, wirkt er indirekt auch auf ihn ein, weil sich der Strom im Boden in alle Richtungen aus-

Vom Blitz erschlagenes Vieh auf der Zöberer Höhe bei Kapfenberg.

Früher, als es noch keine Traktoren und Hubschraubereinsätze gab, um die Kadaver zu bergen, vergrub man den Körper meist notdürftig oder überließ die Reste dem Fuchs und dem Adler.

breitet und einen so genannten Spannungstrichter verursacht. Dabei ist noch zwanzig Meter von der Einschlagstelle entfernt eine derart hohe Schrittspannung zwischen den Füßen möglich, dass diese Spannung einen gefährlich hohen Strom durch den Körper treiben kann. Man wird dabei in der Regel zwar nicht getötet, kann aber Verbrennungen oder vorübergehende Lähmungen erleiden. Tiere, die so getroffen werden, haben nur eine geringe Chance zu überleben. Der Murtaler Ignaz Moser war Zeuge, als einige Schafe von der Druckwelle eines Blitzeinschlages niedergeworfen wurden. Er selbst wusste nicht, was zu tun war, aber ein älterer Viehhalter, der mit ihm war, zögerte keine Sekunde. Er lief so schnell er konnte zu den wie tot daliegenden Schafen und dreht eines nach dem anderen geschwind um. Kaum standen die Tiere auf den Beinen, *„schon sind die Ohrwascheln geflogen und sie waren fort!“* Fünf Schafe konnten dadurch gerettet werden, für die anderen kam jede Hilfe zu spät, sie waren bereits erstickt.

Für die Almleute gibt es nichts Furchtbareres, als Vieh durch Blitzschlag, durch Krankheit oder durch Absturz zu verlieren.

In so einem Fall war die Freude am Almsommer getrübt. Im Herbst, wenn alle anderen ihr Vieh für den Abtrieb aufkranzten, dann war Trauer angesagt. Entweder man verwendete schlichten schwarzen Schmuck oder man verzichtete ganz darauf und hoffte auf ein besseres nächstes Jahr.

Dass der liebe Himmelvater uns verschont!

Als kleiner Bub, schon mit fünf Jahren, habe ich jeden Sonntag auf die Alm gehen müssen, um dem Großvater Proviant zu bringen. Der Großvater war Almhalter und hat oben auf sechs, sieben Kühe geschaut. An einem Sonntag, als ich mit meinem Rucksack wieder einmal zu ihm auf die Alm gekommen bin, ist auf einmal ein „Wetter“ aufgezogen. Wir sind schnell in die Hüttn hinein, ich und der Großvater, und haben dort Schutz gesucht. Er hat von einem Palmbuschen ein Stückl abgebrochen und auch vom Weichscheitel, dem zu Ostern geweihten Holz, ein Stückl genommen und das haben wir im Ofen verbrannt. Dann haben wir eine Kerze angezündet und dazu laut einen Rosenkranz gebetet. Der Sinn von dem Ganzen war, dass der Himmelvater uns verschont und alles miteinand!

Johann Wolf, Rachau bei Knittelfeld

Auf der Schneealm im Mürztal wurden 14 Rinder durch Blitzschlag getötet.

Die Trawiesalm mit der Festl-Beilstein-Nordwand im Hochschwabgebiet. So schön die Berge bei Sonnenschein sind, so gefährlich und furchterregend können sie bei Gewittern werden.

„Die Gewitter auf der Alm, die krachen und donnern ganz anders als herunten im Tal. Da ist man in der Hütte gewesen, hat sich die Decke über den Kopf gezogen und hat sich gedacht: ‚Hoffentlich passiert nichts!'"

Sommerschnee

Eine Bewährungsprobe für jede Sennerin war plötzlicher Schneefall. Nun war sie ganz auf sich allein gestellt. Das Vieh musste gesucht und so schnell wie möglich zur Hütte getrieben werden. Jede Sennerin wusste, dass jetzt eine harte Zeit auf sie und die Tiere wartete. Im engen Stall mussten die Tiere tagelang bei wenig Futter so lange ausharren, bis die Weide wieder benutzbar war.
Die Jahre, in denen starker Schneefall den Almsommer unterbrochen hatte, haben sich derart in die Erinnerung der Frauen und Männer eingebrannt, dass jeder noch das Jahr und sogar genau den Tag weiß, als „es" geschah: „Im 54er-Jahr, am 8. Juli." Eine gewissenhafte Sennerin war für diesen Tag gerüstet, sie hatte einen Vorrat an Heu zusammentragen, der nun in kleinen Rationen dem Vieh verfüttert wurde. Niemand wusste, wie lange das Vieh im Stall bleiben musste und ob das Futter reichen würde.
Margaretha Krallinger aus Annaberg erinnert sich: *„Im Juli 1954, als wir gerade bei der Jause saßen, hat es angefangen große Flocken zu schneien und zu schneien und zu schneien. Sofort haben wir die Kühe gesucht und in den Stall, ins Tret, geholt. Es hat nicht mehr aufgehört, bald haben wir einen Meter Schnee gehabt, dann zwei Meter und die Rösser haben wir noch immer nicht gefunden gehabt. Sie waren irgendwo draußen und wir haben nicht gewusst wo. Wir sind durch den Wald, da hat es ständig gekracht, Äste und Wipfel sind, schwer vom Schnee, herabgestürzt und hätten uns fast erschlagen. Endlich haben wir die Rösser gefunden! Weil alles tief verschneit war, mussten wir den Weg zum Stall vor ihnen mit der Schaufel Stück für Stück freischaufeln. Wir sind total fertig gewesen und die Rösser auch! Eines wäre dabei fast gestorben vor Aufregung!*
Im Tret waren vierzig Stück Vieh und dazu noch die Pferde eingesperrt. Es war so eng. Die Tiere hätten sich fast dertreten. Wir konnten sie ja nicht anhängen, weil kein Platz war. Zusammengepfercht haben sie zehn Tage lang ausharren müssen! Weil es so wenig Futter gegeben hat, haben die Kühe vor Hunger geschrien. Wir mussten das Heu gut einteilen, jeder hat immer nur ein bissl was bekommen. Auch Wasser konnten wir jetzt keines mehr holen und haben deshalb im großen Kessel Schnee geschmolzen. Tag und Nacht haben die Viecher geschrien. Es war furchtbar! Natürlich haben sie auch fast keine Milch mehr gegeben. Als alles vorbei war, waren alle magerer geworden, aber alle haben überlebt!"

Schnee im August auf der Salzburger Unterhofalm.

„Einmal war am 15. August so viel Schnee, dass ich die Viecher eineinhalb Tage nicht aus dem Stall hab lassen können. Gott sei Dank hab ich ein bissl Heuvorrat gehabt, meine Notration. Bei der Hütte war eine kleine Wiese, dort hab ich immer gemäht und das hab ich da aufgebraucht."

Schnelle Hilfe von außen gab es früher nicht. Weder Funk noch Mobiltelefon standen den Sennerinnen zur Verfügung, um rasch Hilfe zu holen. Ob eine Mure abging, eine Kuh kalbte, krank wurde oder gar abstürzte, ein Stier ausbrach oder plötzlicher Schneefall im Sommer den Almbetrieb lahmlegte – die Sennerin musste mit jeder Situation alleine fertig werden.

Wurde es gar zu schlimm, waren sie und ihre Tiere sogar gezwungen, die Alm kurzfristig verlassen. Sie konnte dann ein uraltes Almrecht, das „Schneefluchtrecht“, in Anspruch nehmen. Es erlaubt den Almleuten mit ihrer Herde auf tiefer gelegene Weideflächen, Almen oder Wälder auszuweichen. Eine Selbstverständlichkeit? Keineswegs. Jedes Stück Weideland war kostbar und musste klug und schonend bewirtschaftet werden. Besaß eine Hochalm das Recht der Schneeflucht, dann teilte die niedere Alm im Notfall mit der höheren die „Woad“.

Gewitter, Blitzschlag, Murenabgänge, Schneefall – die Bedingungen auf den Almen können von einer Stunde auf die andere gefährlich und extrem werden. Frauen und Männer, die zwanzig, dreißig und mehr Sommer auf den Almen verbracht haben, sind wahre Krisenmanager, bei denen im Notfall jeder Handgriff sitzt. Brigitte Pirchner, die im Jahr 2012 ihren vierundfünfzigsten Almsommer erlebte, bringt es auf den Punkt: *„Du musst auf alles gefasst sein. Du musst Obacht geben und du musst rechtzeitig das Richtige tun!“*

Die Zeichen der Natur

Als Sennerin musst du immer darauf gefasst sein, dass Schnee kommen könnte. An den Wolken merkst du es schon ein wenig. Wenn du sie beobachtest und sie werden krauslat und weiß, dann ist das ein wichtiges Zeichen. Wir nennen solche Wolken „Schneeblüah“. Kurz bevor es schneit, werden auch die Brennnesseln gelb. Das musst du alles beobachten. Auch an den Tieren merkt man es, weil sie plötzlich unruhig werden. Die haben den Wetterwechsel im Gespür. Meistens fangt es dann auch zu donnern an, aber es ist kein Gewitterdonner – es ist ein Schneedonner!

Auf all das muss man Obacht geben und sich danach richten. Man holt dann die Küh' und die Kalbln zur Hütte her und beruhigt sie: „Bleibts schön da!“ Je älter eine Sennerin ist und je mehr Almsommer sie hat, desto besser kann sie die Vorzeichen deuten und ist besser auf alles vorbereitet, was da kommen kann.

Brigitte Pirchner, Hüttschlag im Großarltal

Überraschender Wintereinbruch Anfang September auf der Glettenalm im Großarltal.

„Nach Schneefall ist die Woad schlecht, aber besser noch als nach einem Hagel. Weil der Hagel haut dir die kleinen Pflanzen alle zamm und es bleibt nur mehr das übrig, was wir nicht brauchen.“

Auf der Alm is koa Bleibn,
bald tuats regna, bald schneibn,
in der Hittn is koa Sein,
geht der Wind aus und ein.

Schnee auf der Pongauer Glettenalm.

O'kugelt!

Zum Schlimmsten, was auf der Alm passieren kann, gehört der Absturz eines Tieres im steilen Gelände, das „O'kugeln". Die Aufgabe des Viehhalters, des Hüters, war es, sofort zu bemerken, wenn eine Kuh oder ein Kalb fehlten. Nun galt es, fieberhaft nach dem Vieh zu suchen und keine Zeit zu verlieren. Ein schwer verletztes oder bereits verendetes Tier musste so schnell wie möglich gefunden werden. Der Grund dafür war ein praktischer: Wenn möglich, wollte man das Fleisch des Tieres noch verwerten. In dem Fall kam es in Schluchten, an Abhängen oder zwischen Gestrüpp zu einer Notschlachtung. *„Auch wenn es recht steil war, hat man gschaut, dass man zum abgestürzten Tier hinkommt, hat das Vieh, wenn es noch gelebt hat, gestochen, es ausbluten lassen und dann hat man die Innereien entfernt. Wenn es möglich war, hat man das Fleisch dann heimgetragen und für den Hausgebrauch noch verwendet."*

Das Ausbluten war sehr wichtig für die Fleischqualität. War dies nicht mehr möglich, weil das Tier schon länger als ein paar Stunden tot war, dann wurde das Fleisch, besonders im Sommer, schnell „sauer" und verdorben. Heute kommt in so einem Fall der Hubschrauber und bringt den Kadaver zur Tierkörperverwertung. Früher ließ man, wenn der Absturzort einsam und entlegen war, den Dingen ihren natürlichen Lauf und überließ den Körper den Aasfressern: *„Dann ist der Rab' gekommen und der Adler und der Geier, ab und zu der Fuchs – die waren gleich fertig damit! Weil der eine Rabe holt den anderen, so ist bald eine große Gruppe beieinand und die fressen recht schnell alles weg. Ab und zu waren schon nach einer Woche nur mehr die Knochen da."* Nur beim „Blitzvieh" dauerte es länger, bis die Geier Gefallen an dem Kadaver fanden. Man vermutet, dass die Geier den Körper mieden, solange der Brandgeruch des Blitzeinschlags intensiv wahrnehmbar war. In anderen Fällen grub man die Kadaver ein oder bedeckte ihn auch nur mit Steinen und Reisig, manchmal hat man das Ganze auch „anzunden und oghoazt".

Blitzschlag, Lawinen, Murenabgänge, schmale Wege, gefährliche Abhänge, Dolinen, steile Schluchten – trotz der vielen Gefahren kam es doch relativ selten zum „O'kugeln" und „Owiwalken" auf den Almen. Der Grund war die große Sorgfalt und Umsicht, mit der die Hüter ihr Vieh von den frühen Morgenstunden bis zum Abend, Tag für Tag, im Auge behielten.

Glücklich war der Almsommer, wenn kein Stück Vieh abstürzte oder verunglückte. Hier die Ragglalm im Großarltal.

„Einmal sind mir gleich beim Almfahren am ersten Tag zwei Stiere abgestürzt. Zwei Bauern haben je einen Stier mitgehabt, die haben nicht aufgepasst und schon haben die gerauft und sind über den Kogel hinuntergefallen. Alle zwei waren tot, und das am ersten Tag."

Mei Hütterl

Was die Almhütte für eine Sennerin bedeutete, können wir heute manchmal nur mehr schwer verstehen. Es war ihr Refugium, ihr Reich. Hier konnte sie schalten und walten, wie sie wollte. Julie Götzenbrugger, die 1899 geborene „dichtende Sennerin" aus Hall bei Admont drückte es so aus: *„Herobn auf da Olm, do bin i no wer, kann hausn und schnattern, bin mei eigener Herr."*

Wir dürfen nicht vergessen, dass es auf den Bauernhöfen bis weit ins 20. Jahrhundert hinein noch die „Menscherkammer" gab. Hier schliefen die ledigen jungen Frauen zu dritt, zu viert in einem Raum. Privatsphäre gab es auch sonst kaum, man arbeitete und lebte von früh bis spät in der Hausgemeinschaft.

Auf der Alm hingegen hatten die Frauen ihre eigene Schlafkammer, ja, mehr noch einen Wohnbereich ganz für sich allein: die Hütte. Etwa vier Monate im Jahr, einen ganzen Almsommer lang, konnten die Frauen die Freiheit genießen, ganz allein über mehrere Räume zu verfügen. Auch wenn noch ein Hüterbub oder ein junges Mädchen zum „Anlernen" bei ihr wohnte, sie war hier die Hausherrin!

Eine langjährige Sennerin: *„Im Mai geht man nachschauen, wie es der Alm geht. Ob die Hütte überhaupt noch steht und ob sie nicht eine Lawine mitgenommen hat. Wenn das Hütterl noch dasteht, ist eh alles gut! Dann reißt man einmal Tür und Fenster auf, dass die Sonne hineinscheinen kann. Wir sagen dazu: Die Gerechtigkeit muss eindringen! Und zur Hütte sagen wir: ‚So, jetzt sind wir wieder da. Jetzt teama wieder miteinand!'"*

„Grüaß di Gott Hüttn!" oder *„Mei liabs Hitterl, jetzt bin i wieder do!"*, viele Sennerinnen begrüßten die Hütte wie eine Vertraute, wie eine liebe alte Bekannte. Kein männlicher Halter, Senner oder Melker hätte so etwas getan. Juli Götzenbrugger schrieb gar ein Gedicht zum 100-jährigen „Geburtstag" ihrer Hütte. Darin lässt sie „'s Hittal" erzählen, wie langweilig der Winter ohne Schwoagrin sei und wie sehr sich die Hütte schon auf den Almsommer freut: *„Da Winter is wos Graußlichs für mi, aber wonns aper wird und d' Leut anfangan zan gehen, fangt ma 's Herz an zan pumpern, dös werds vastehn!"*

Die Raumaufteilung der Hütte war zweckgemäß: Es gab einen Raum mit offenem Feuer zur Mahl-

Sennerin, allein bei der Jause, in der Kristingerhütte auf der Stoderalm um 1935.

„Das ‚Almsein', du kannst nicht genau sagen, was das ist. Einerseits war die Einsamkeit schon wichtig. Das Alleinsein hat schon was. Man war ganz gern einmal einen Tag allein. Und dann hast du dich wieder gefreut, wenn zwei, drei Leut' bei der Hüttentür hereinschauen."

zeitbereitung, Wassererhitzung und für den Käsekessel, einen kühlen Vorratsraum, den kleinen Schlafraum der Sennerin und manchmal eine Stube.

Die Hütten waren nicht nur blitzsauber, sondern auch liebevoll hergerichtet. In jeder Hütte fand sich ein Almblumenstrauß oder wenigstens ein paar Zirbenzweige oder Latschen als Schmuck. Ein paar Latschen wurden auch gerne außen oberhalb der Hüttentür befestigt: *„Das war der Willkommensgruß, das bedeutete: Komm zuwi!“*

Der Herrgottswinkel war liebevoll geschmückt, in der Stube durften Tischtuch und Vorhänge nicht fehlen, genauso wenig wie ein gestickter Wandschoner mit Almsprüchen. Sehr wichtig waren die Kaffeehäferln, die aufgehängt an der Wand oder stehend in einem Regal dem Besucher präsentiert wurden. Eine große Häferlsammlung war der Stolz jeder Sennerin. Kaum eines der Häferln war selbst gekauft, alle waren Geschenke von Besuchern und Freunden. Jedes der Häferln war mit einem Spruch und einem Almmotiv oder einem Motiv aus dem bäuerlichen Leben verziert.

Auf vielen alten Aufnahmen sieht man vor der Hütte Schaffeln, Bottiche und einen Kessel. Jede Sennerin stellte vormittags nach der Milcharbeit ihr sauber gereinigtes Milchgeschirr vor der Hütte zum Trocknen in die Sonne – auch dies war ein Schmuck für die Hütte und ein Zeichen der Tüchtigkeit der Sennerin. Besonders schön war der große, glänzende „Kaskessel“ aus Kupfer, der täglich mit Holzasche blank gerieben wurde.

Ging der Sommer zu Ende, musste man die Alm und auch die Hütte wieder verlassen. *„Wir haben alles mitgenommen, die Bettwäsch’, die Vorhänge, das Gwand, alle Lebensmittel, alle Reste – alles haben wir eingepackt. Da hätte nicht einmal eine Maus genug gehabt an dem, was da hintn geblieben ist. Dann sperrt man gut zu und sagt zur Hüttn: ‚Pfiat di Gott! In Gott’s Nam’, wenn’s guat geht, kemman wir nächstes Jahr wieder!’“*

Und a Almhüttn is mei Häuserl
Und an Edelweiß mei Troad,
und a Gams und a Reh
is mei Vieh auf da Woad.

Zwei Sennerinnen in ihrer spärlichen Freizeit vor ihrer Hütte auf einer Alm bei Görich im Lungau. Die hölzernen Milchgefäße sind vor der Hütte zum Trocknen in die Sonne gestellt.

„Das Hüttei ist schon wichtig. Man sagt, das ist halt meine!"

Schöne Almblumen fehlten in keiner Sennerinnenhütte.

Eine „Niedere Hütte" aus dem Ausseerland. Das Bauholz für die Almhütten war im Salzkammergut seit jeher knapp, da für die Salzproduktion große Brennholzmengen erforderlich waren. So entstanden Hüttenformen wie die „Niedere Hütte", die Stall und Almhüttenräume unter einem Dach vereinigte.

Der Angalabauer aus Gosau, also der Besitzer des Bauerngutes vulgo Angala, ist hier auf einer äußerst seltenen, alten Aufnahme zu sehen. Man sieht den Innenraum der Reithütte auf der Zwieselam um die Jahrhundertwende.

Offene Feuerstelle auf der Iglmoosalm im Salzkammergut.

„Wenn ich eine gewisse Art von Rauch rieche, dann denke ich mir immer: ‚Das ist so wie auf der Alm!' Es ist so heimelig, wenn das offene Feuer auf der Alm knistert. Den Geruch und das Geräusch, das werde ich nie vergessen."

Die Sennerin Maria Viehauser in ihrer Hütte auf der Karteisalm. Im Hintergrund lagert auf einer Stellage der „Kas".

Der „Woadneid"

Im den vorigen Jahrhunderten bemühten sich die Bauern darum, Weiderechte auf den Almen zu bekommen, damit ihr Vieh den Sommer über auf den saftigen, gesunden Almweiden grasen konnte. Die Sennerinnen waren glücklich, da sie auf den Almen ihr eigener „Herr" waren. Meistens haben sie sich auch gut miteinander vertragen, außer es kam der „Woadneid", der Neid um die Weide, dazwischen! Da konnte es schon einmal ordentlich krachen – so geschehen im Jahr 1910 zwischen den Sennerinnen N. und K.
Kamen K.'s Kühe in N.'s Weidegrund, wurde diese zornig und der Halterbub musste das Vieh mit einer Peitsche, die mit spitzen Nägeln gespickt war, zurückjagen. Daraufhin flogen nicht gerade schöne Worte hin und her und der Almfriede war dahin. Im darauffolgenden Winter brannte K.'s Almhütte nieder und keiner konnte sich erklären, wie das hatte geschehen können. Die Gendarmen befragten den Besitzer der abgebrannten Hütte, was er dazu meine und dieser antwortete nur: „Wird wohl der Nachbar gewesen sein!"
Aufgrund dieser Aussage wurde der Besitzer der abgebrannten Hütte von seinem Nachbarn wegen Verleumdung angezeigt und daraufhin vom Gericht zu drei Wochen Arrest verurteilt.

Die Jahre vergingen und keiner sprach mehr von der abgebrannten Hütte. Gegen Ende der Dreißigerjahre wurde in der Pfarre eine Missionswoche abgehalten und es wurde angeordnet, dass alle Christen zur Beichte gehen müssten. So kam auch ein älterer Mann zum Missionar, um seine Sünden zu beichten. Dabei erzählte er, dass er vor dreißig Jahren auf Geheiß seiner Schwester eine Almhütte angezündet habe. Als Lohn für diese Tat hatte er einen Liter Schnaps erhalten. Jetzt bitte er um die Lossprechung von dieser Sünde. Der Missionar erklärte ihm, dass er das nur tun könne, wenn er diese Tat meldet und die Geschädigte dadurch zu ihrem Recht kommt.
Nun wurde die ganze Geschichte neu aufgerollt. Der Almbauer der Sennerin N. wurde schuldig gesprochen und zu einer großen Geldstrafe verurteilt.
Beide Almbesitzer verkauften daraufhin ihre Anteile. Heute weidet nur noch Jungvieh auf den herrlichen Almböden. Betreut werden die Tiere von den alten Bauern, oft von Dichtern, pensionierten Ärzten und Studenten. Es gibt ja keine Sennerinnen mehr!

Eine Bäuerin aus dem Ennstal, die anonym bleiben möchte. Da Nachkommen von N. und K. noch leben, werden auch diese nicht mit Namen genannt.

Weidende Kühe am Hinteregg im Ennstal.

Bis zum Beginn des 20. Jahrhundertes wurde der gesamte Viehbestand im Sommer auf die Almen getrieben. Der Grund dafür war, dass durch die Alpung die Talweiden geschont werden konnten. Das in dieser Zeit im Tal gewonnene Heu konnte als Vorrat für den Winter aufbewahrt werden. Angesichts der großen Menge an Almvieh in dieser Zeit kam es immer wieder zu Streitigkeiten um Weiderechte. Jeder wollte die besten Plätze für sich beanspruchen und einige gönnten dem anderen aus „Woadneid“ die Weide nicht. So manche Sennerin und so mancher Halter „übersah“ einfach, dass die Kühe auf der Nachbarweide grasten.

Der Hüterbua

Die wichtigste Person auf der Alm war die Sennerin, die für die Verarbeitung von Milch zu Butter und Käse verantwortlich war. Ihr zur Seite stand der Hüterbub, der in erster Linie für das Viehhüten zuständig war. Eigentlich sollte ein Hüter kein kleines Kind mehr sein, sondern kurz vor dem Schulabschluss stehen oder die Schule bereits abgeschlossen haben. In der Realität aber war die Hüterarbeit oft Kinderarbeit. Nicht selten waren die Buben erst sieben, acht Jahre alt. Ein pensionierter Almhalter erinnert sich an seine Gefühle als Kind: *„Ich war gerade sieben Jahre alt und hab schon Almhalter sein müssen. Einerseits war ich stolz darauf und habe eine Freude damit gehabt, andererseits habe ich mich auch oft sehr gefürchtet. Bei Gewitter habe ich unter einem großen Stein Zuflucht gesucht und vor lauter Angst immer geweint.“*

Die Kinder, manchmal waren es auch Mädchen, trugen eine große Verantwortung. Das Vieh, der wertvollste Besitz der Bauern, war ihnen anvertraut. Sie mussten dafür Sorge tragen, dass kein Tier abstürzte und bei jedem Wetter draußen beim Vieh sein. *„Regenschutz gab es keinen. Mein Gewand aus Loden war nicht wasserdicht. Wenn es einmal nass geworden war, wurde es über Nacht nicht mehr trocken und zum Wechseln war fast nichts da.“*

Dennoch, die guten Erinnerungen an das Almleben scheinen zu überwiegen. Der Lungauer Franz Holzer war mit acht Jahren das erste Mal Hüterbua auf der Göriacher Zugriegelalm: *„Wir mussten um sechs Uhr in der Früh das Vieh auf die Weide treiben und dann den ganzen Tag beaufsichtigen. Vormittags haben wir aufpassen müssen, dass die Tiere ihre zugewiesenen Parzellen nicht verlassen, aber am Nachmittag haben wir sogar Zeit zum Spielen gehabt, wenn die Viecher gelegen sind.“* Erst Mitte Juli, nach der Übersiedlung von der Niederalm auf die Hochalm, wurde das Viehtreiben schwieriger: *„Es gab eine gefährliche Stelle, die war sehr steil und nicht durch Zäune gesichert. Wenn da die Viecher gerauft hätten, wären sie schnell über die Wegkante abgestürzt. Jeden Tag mussten wir Hüterbuben die Viecher da eintreiben. Da haben wir gebetet, dass nur ja nichts passiert!“*

Kam ein neuer Halterbub auf diese Alm, musste er die „Haltertaufe“ mitmachen. Sie fand immer am Hochfrauenabend, dem Tag vor dem „Frauentag“, statt, also am 14. August. Der Halterbub musste unter einem Wasserfall durchlaufen und war so-

Halterbuben in Gößl im Ausseerland.

„Als ich Halterbub war, habe ich mich bei schlechtem Wetter allein im Kar drinnen sehr gefürchtet. Ich hab dort bei den Viechern bleiben müssen und habe allweil geweint. Ich war ja erst sieben Jahre alt. Dann hat mich die Sennerin oft angeredet: ‚Na Peterl, hast wieder greart?'"

mit „getauft“ und in die Haltergemeinschaft aufgenommen. Der neue Halter musste aber gleich noch eine Aufgabe lösen: er musste das „Gollingei“ suchen. Es hieß, am Hochgolling lebt die Gollinghenne, die goldene Eier legt. Genau beim Wasserfall, unter dem der neue Halter durchgelaufen war, befand sich ein kleiner Stollen. Nun hieß es, dort sei das goldene Ei versteckt und er müsse es finden. Dem Neuling wurden die Augen verbunden und so tastete er blind den Stollenboden ab. Seine Kollegen hatten auch wirklich etwas versteckt, allerdings kein Ei, sondern in „Plotschn“ eingewickelte menschliche Exkremente. War der Hüterbub ahnungslos, dann drückte er das vermeintliche „Gollingei“ auch brav zusammen, wie ihm geheißen wurde. Nun musste er zwar den Spott ertragen, war aber in die Bubengemeinschaft aufgenommen.

Die Kinder trieben das Vieh zusammen aus, hüteten gemeinsam und trieben auch gemeinschaftlich am Abend wieder heim. Die Hüterbuben schliefen aber nicht in der Hütte der Sennerin, sie übernachteten im Stall. Franz Holzer hatte seine Bettstatt bei den Kühen: *„Im Stall war es schön warm und das Schnaufen der Kühe habe ich immer als sehr angenehm empfunden. Das war so heimelig für mich. Ich war ja noch ein Kind! Wenn die Küah geschnauft haben, hab ich auf der Alm immer gut einschlafen können!“*

Der Kiahbua, der hoaßt Hiaserl,
is gor a rarer Bua,
er treibt die Kiah und Kalma
der Almhüttn zua.

Ein junger Viehhüter aus Mettnitz in Kärnten.

„Wir waren fünfzehn Geschwister und deshalb hat der Vater eine Alm gepachtet. Mit zwölf Jahren war ich das erste Mal den ganzen Sommer Hiaterbua. Ich weiß noch, ich hab' fünfzehn Goaß' zu melken gehabt und drei so Lackl Küah."

Der Kühmoar und der Pudelumundum

Franz Holzer, ehemaliger Viehhüter auf der Lungauer Zugriegelalm, berichtet im Folgenden vom Ranggeln auf der Alm. Das Ranggeln ist eine Art Ringkampf, bei der es um die Festlegung von Hierarchien geht. Franz Holzer erzählt vom jährlichen Ranggeln der Hüterbuben, die so untereinander ihre Rangordnung beim Versorgen der Halterhütte festlegen.

Ursprünglich war das Ranggeln eine Auseinandersetzung zwischen Viehhütern oder Sennen um Weidegrenzen. Der Sieger des Wettbewerbs war der „Hagmoar", der nun die Rangordnung anführte und die Grundstücksgrenzen verwaltete. Beim Ranggeln stehen sich die Gegner bloßfüßig gegenüber und versuchen einander durch verschiedene Hebeltechniken und Wurftechniken über die Schulter zu werfen. Die Griffe heißen „Kreuzwurf", „Hufer", „Stierer" oder „Aufdrahn". Diese Art des Ringens ist vor allem in Tirol, Salzburg, Oberkärnten und Bayern verbreitet.

Franz Holzer: „Bei uns auf der Alm hat jeder Hüterbub seine Aufgabe gehabt. Der Anführer der Buben war der ‚Kühmoar', der vom Almobmann ernannt worden ist. Der ‚Kühmoar' war meistens der Älteste, der auch die meiste Erfahrung gehabt hat. Alle anderen Ränge mussten sich die Buben untereinander ausranggeln. Je zwei und zwei ranggelten gegeneinander – so entstand eine Rangordnung, die den ganzen Sommer über Gültigkeit hatte.

Nach dem Kühmoar kam der ‚Schackmoar', dann der ‚Schackknecht', der ‚Hoatzer', der ‚Holzmoasta', der ‚Holzknecht', der ‚Wasserpinsch', der ‚Hüttelputz' und der ‚Pudelumundum'. Der Pudelumundum war der Jüngste, er musste allen anderen gehorchen. Der Hüttelputz, musste die Hütte putzen, der Wasserpinsch war zuständig für das Wasserholen, der Holzmoasta und sein Knecht mussten Brennholz besorgen und der Hoatzer war verantwortlich für die Feuerstelle.

Alle diese Aufgaben haben unsere Halterhütte betroffen, nicht die Hütte der Sennerin. Die Halterhütte war ein kleines, steingemauertes Gebäude mit einem offenen Herd. Dort haben wir uns nur aufgehalten, wenn es kalt war oder wenn es geregnet hat."

Halterhütte in Hinterwildalpen in der Obersteiermark.

„Bei Regen waren wir völlig durchnässt. Wenn du beim Feuer gesessen bist, war es dir vorne heiß und hinten kalt. Das nasse Gwandl ist erst wieder trocken geworden, wenn die Sonne gescheint hat."

Die Alm – ein Paradies

Als ich ein kleiner Bub war, ist es in den Sommermonaten üblich gewesen, gelegentlich ein Kind „auf Kost" auf die Alm zu geben. Mein kleiner Bruder hat es vor lauter Heimweh dort nur ein, zwei Tage ausgehalten. Nun habe ich mich sofort gemeldet und gesagt: „Ich gehe anstatt meines Bruders auf die Alm!"
Die Zeit auf der Millstätter Alpe gehört zu den schönsten Erinnerungen in meinem Leben. Ich habe als Bub dort tun können, was ich wollte. Zu Hause am Bauernhof war man ja schon als Kind in die Arbeit miteingebunden, da war die Zeit auf der Alm dagegen fast wie ein Erholungsurlaub. Ich hatte nur wenige Pflichten: Holz holen, meinem Onkel, dem Halter, zur Hand gehen, lauter Kleinigkeiten halt.
In unmittelbarer Nähe zu der Alm war der Magnesitbruch Radenthein. Zweimal am Tag bin ich in Richtung Steinbruch gegangen und habe die Sprengungen beobachtet. Zwei Trompetensignale, dann die Sprengung, die Etage geht hoch und bricht ein – das war für einen Buben ein echtes Erlebnis. Aber noch schöner war, dass es dort einen Federweißfelsen gab. Jedes Mal habe ich mir vom Federweiß ein Stück herunter gebrochen und geschnitzt. Meinen „Tschingl", meinen Taschenfeitel, hatte ich zu diesem Zweck immer im Hosensack.
Ja, und am Abend habe ich im gleichen Kammerl wie mein Onkel, der Halter, geschlafen. In der ersten Zeit hatte ich immer wieder denselben Traum: Ein Riesenvogel sitzt draußen am Baum, er haut auf die Bäume ein, macht Lärm und nähert sich auch immer wieder dem Fenster. Das ist jedes Mal so lange gegangen, bis ich vor lauter Angst munter geworden bin. Dann, eines Tages, habe ich angefangen, genau hinzuhören: Was ist denn das für ein Geräusch? „Tschschsch, dk, dk, dk, Tschschsch, dk, dk, dk." Da ist mir dann bewusst geworden, dass das der Onkel ist, der schnarcht! Von diesem Moment an waren die Angstträume vorbei!
Ich denke auch gerne an den Heuboden über dem Almstall zurück. Da haben wir in der „Zäunerwoche" geschlafen, wenn die Alm für den Sommer vorbereitet werden musste. Im Heu, da konnte man spielen und sich wunderbar verstecken! Auch das war etwas Besonderes für mich, denn daheim neben der vielen Arbeit hatten wir Kinder ja kaum Zeit zu spielen.
Später, als ich größer war, habe ich die Alm nur mehr als Gast besucht, aber geblieben ist mir der erste Eindruck: Die Alm als Paradies.

Josef Oberzaucher, Obermillstatt

Der Bub rechts trägt in seinem Korb die Blätter des Alpenampfers, der als eine Art „Butterpapier“ auf der Alm diente. Mit diesem wurde die Butter eingewickelt und, meist in einer Kraxe, zu Tal gebracht.

„Die Bauernleut' sind alle Monat mit dem Ochsenfuhrwerk auf die Alm gefahren. Man hat ein paar Sachen hinaufgebracht und Butter und Käse wieder mit heim. Mein Bruder und ich haben immer gebettelt: ‚Bittschön, dürfen wir mitfahren?' Am Fuhrwerk haben sie ein Binkerl Heu für die Almochsen mitgenommen und da haben wir zwei draufsitzen dürfen. Schon allein die Fahrt war so schön! Da rinnt ein Bacherl vorbei und rauscht wild, und dort war wieder etwas anderes zu sehen. Alles war so schön und auch auf der Alm hat es uns so gut gefallen. Ich glaube, es war für uns etwas Wunderbares, weil es halt nicht alleweil so gwen is!“

Mythos Edelweiß

Was bedeutete es, wenn ein Bursch für seine Liebste Edelweiß pflückte? Es war nicht nur ein Liebesbeweis, sondern es war auch ein Zeichen seiner Kühnheit und seines Wagemutes, wenn der junge Mann sich an schwer zugängliche Stellen im Felsen wagte. In dem bekannten Almlied „Das scheanste Bleamerl auf da Alm" sagt das Dirndl zum Halterbuam: „So ein Bleamerl hätt i gern. Geh bring ma so a Sträußerl her, von solch schneeweißn Stern!" Nun nimmt das Drama seinen Lauf. Der Bursch klettert in den Fels und kehrt nicht mehr zurück: „Er liegt verlassn ganz alloan auf ana Felsnwand. Und 's Edelweiß ganz blutigrot, hält fest er in der Hand."

Seit die Städter die Berge als Erholungsgebiet entdeckt haben, also etwa seit der Mitte des 19. Jahrhunderts, setzte eine wahre Jagd auf die sternförmige, samtene Pflanze ein. Hemmungslos wurde das Edelweiß ausgegraben und gepflückt, sodass der weiße Stern weltweit die erste Pflanze wurde, die 1886 gesetzlich geschützt werden musste.

Obwohl die Pflanze in Österreich unter Naturschutz steht, galt es bei jungen Männern lange als ein Zeichen von Mut, selbst gepflücktes Edelweiß am Hut zu tragen. *„Du bist stolz gewesen, wenn du Edelweiß gebrockt hast. Da hat es geheißen: Der traut sich was!"* Ein Bursch, der mit Edelweiß zur Hütte gekommen ist, der stand sofort im Mittelpunkt: *„Die anderen haben gebettelt: Gib mir auch eins! Gib mir auch eins!"*

Der Reiz für die jungen Männer war groß, in die Felswand einzusteigen, um sich Edelweiß zu holen. *„Auffigekraxelt bist bald, aber nachher musst auch wieder herunterkommen. Ich hab einmal unterwegs zum Beten angefangen, weil ich nicht mehr weiter wusste."* Vor allem Almhalter und Hüterbuben, die die Edelweißwände ständig vor Augen hatten, waren gefährdet, die Gefahr zu unterschätzen. Viele von jenen, die „auf Edelweiß" gingen, sind tödlich abgestürzt. So entstanden Lieder wie das eingangs erwähnte, die wiederum dazu beitrugen, dass das Edelweiß endgültig zum Mythos und zur Kultpflanze wurde.

Petergstamm brocken in der Hufeisenwand bei Aigen im Ennstal. Wie Edelweiß wächst auch Petergstamm gerne auf felsigem Untergrund.

A Büscherl von Edelweiß,
Almrausch und Ehrenpreis,
steckt sie mir auf meinen Huat,
eija, das steht guat.

Im Hintergrund der Draugsteinspitz im Großarltal.

„Für die Dirndln hast du das Edelweiß gebrockt, die schönen Stern'. Einmal war ich gerade Schafsuchen, da hat mir das Wetter nicht gepasst. Nachand hab ich mich umgedreht und bin einfach Edelweiß brocken gegangen. Den ganzen Hut umadum hab ich dann aufgesteckt gehabt mit dem Edelweiß."

Einen Hunderter für den schönsten Stern

Bei uns auf der Porsche-Hochalm gab es einen Hüter, den Sepp, der war besessen von Edelweiß! Er ist sehr oft um Edelweiß gegangen und ist immer nur narrischer geworden darauf. Einem Tiroler Gast hat er immer die schönsten Edelweiß aus der Wand aussagfangt. Beide sind in den Felsen eingestiegen, aber an die gefährlichen Stellen, wo das Edelweiß wächst, ist nur der Sepp hingeklettert. Der Tiroler hat ihm dafür einen Hunderter gegeben. Ich hab zum Sepp noch gesagt: Ist es denn notwendig, dass du wegen 100 Schilling dein Leben riskierst? Es traut sich keiner in die Wand und du hupfst da eini! Er hat gelacht und gesagt: Du traust dich halt nicht! Der Sepp war völlig überzeugt, dass ihm nichts passieren kann, dass er praktisch unverwundbar ist.
Dann, als der Tiroler wieder einmal da war, hat der seine Tochter mitgebracht. Ich glaub', die hat ein wenig auf den Sepp gespitzt, er war ja ein fescher Kerl!
Die beiden gehen in die Wand und sie kommen an eine brenzlige Stelle. Ich weiß noch genau, es war der 3. August 1969. Das Dirndl hat sich gefürchtet und der Sepp ist ihr behilflich gewesen und hat ihr die Hand hingehalten. Er ist dabei auf einem Rasenstück gestanden, einem Wasen. Das Dirndl sagt noch: „Der Wasen hält nicht!" – „Ich bleib ja nicht lang drauf!" Das Dirndl lasst die Hand aus und der Wasen ist zurückgegangen. Der Sepp bleibt drauf und lacht. Ihm kann ja nichts passieren! Er hat noch gelacht und ist sechs, sieben Meter gerutscht und dann ist er nach hinten abgestürzt.
Ich war damals bei meiner Hütte und höre einen schreiend zu mir herlaufen: „Der Beste! Nein, der Beste!" Der Sepp war der beste Edelweißbrocker und trotzdem hat es ihn erwischt.
Ich bin der Erste gewesen, der danach bei ihm in der Wand war. Er ist weit hinuntergerumpelt und seine Leiche war skalpiert und schrecklich zugerichtet. Ich habe ihn so weit zurechtgemacht, dass man ihn hat abtransportieren können.
Bei der Beerdigung hat mir sein bester Freund gesagt, dass er ihn am Großglockner vor einer Gletscherspalte gerade noch abgefangen hat. Aber der Sepp hätte wieder nur gelacht und die Gefahr nicht ernst genommen. Dieser Freund hatte sich geschworen, dass er nie wieder mit dem Sepp in die Berge geht. Der Sepp ist nur 28 Jahre alt geworden. Er war ein fescher und starker Kerl, aber dem Tod ist er nicht gewachsen gewesen.

Franz Hartl, St. Veit im Pongau

Im steilen und felsigen Hochwabgebiet.

„Es war ja früher keine Hexerei, das Edelweißbrocken, aber steil hast schon hinaufklettern müssen. Da bist gleich einmal im Felsen drinnen gewesen und dann hast dich fast nicht mehr hinuntergetraut."

Vom Juchizen und vom Juschreien

„Wenn einer zur Hütten gekommen ist, dann hat er sich mit einem Juchizer angemeldet. Schon unten beim Türl hat er gejuchizt. ‚Juhu-huhui!', das war unser Juchizer. Dann hat man das gehört und sich gefreut, dass jemand kommt." Bevor man also das Hüttengelände betrat, tat man einen kurzen Juchizer. Er galt als Begrüßung und als Ankündigung. Auch beim Abschied wurde gejuchizt: Verließ ein Gast die Hütte und ging talwärts, schickte ihm oft die Sennerin noch einen Juchizer nach. Der Juchizer, Juchazer, Jauchzer, Jugitzer oder Juschrei ist wohl die kürzestmögliche Form des Gesangs.

Wer schon einmal einen echten Juchizer gehört hat, weiß, dass man damit große Entfernungen akustisch überbrücken kann. *„Wenn kein Wind ist und das Wetter schön, dann kannst das Juchazen weit hören."* Raketenartig steigt der Ton in die höchsterreichbare Lage und gleitet am Ende sirenenartig nach unten. Juchizen kann jeder. Wer aber eine schöne Stimme hat, der kann dem Juchizen einen schönen „Ton" geben. *„Mein Onkel war ein guter Sänger. Er hat auch gesangsähnlich gejuchizt. Er hat den Ton ausgedehnt und ihm fast eine Melodie gegeben. Er hat so schön schreien können!"*

Das hochdeutsche Wort „jauchzen" leitet sich vom alten Wort „juchezen" ab und bedeutet soviel wie „vor Freude ‚juch' schreien". Der Juchizer ist in seinem tiefsten Wesen ein Freudenschrei. *„Wenn es schön war, wenn es lustig war, dann hat man gesagt: ‚Da gehört jetzt ein Juchizer drauf!'"* Auch als Abschluss einer Arbeit, wenn das Getreide geschnitten war oder wenn die Heuarbeit vorbei, dann hat man aus vollstem Herzen gejuchizt. Hörte man die Juchizer der anderen, dann wurde auch die eigene Freude größer. *„Das Jauchzen war ein freudiges Ding. Wenn die Sense gut geschnitten hat, dann hat man beim Heuen gejauchzt. Wenn man oben auf der Höh' war und hat so schön ins Tal hinunter gesehen, hat man auch gejauchzt. Wenn du auf der Alm warst, hast du eigentlich immer von irgendwo her einen anständigen Jauchzer gehört."*

Der weithin hörbare Juschrei oder Juchizer war eine Möglichkeit, sich über weite Strecken zu verständigen.

Im alten Volkslied „Wenn i durchgeh durchs Tal" heißt es: „Wenn i wischpl und schrei und du hörst mi net glei, so muaß i verstehn, dass i weiter soll gehen." Hier finden wir noch die alten Ausdrücke

Ein Überjuchzer, überliefert im dem prachtvollen Buch „Klingende Berge“ von Hans Gielge. Der Juchzer wurde 1926 am Lahngangsee im Ausserland aufgezeichnet und vom Kreutz Hansl vorgesungen.

„wischpln" für pfeifen und „schreien" für juchizen. Wenn wir dieses Lied hören, verstehen wir vielleicht nicht mehr, was damit gemeint ist – der junge Mann kommuniziert durch Pfeifen und Juchizen mit seiner Liebsten. Weil sie nicht auf ihn reagiert, fühlt er sich abgewiesen, denn dass sie ihn wohl gehört hat, das setzt er voraus. Die Tragik in diesem Lied liegt darin, das ebendies nicht der Fall war. Sie hat seinen Juschrei nicht gehört, kann ihm also auch durch Zurückjuchazen kein Zeichen geben. Die beiden gehen auseinander ohne einen einzigen Juchizer!

Kathi Huber aus Hüttschlag kann beides, „wischpeln" und „schreien". *„Ich hab fingergewischpelt, mit den Fingern gepfiffen. Mit jedem Finger und mit mehreren Fingern zugleich konnte ich pfeifen. Wenn du auf der Alm schnell Hilfe gebrauchst hast, dann hat man gepfiffen. Mehrere Pfiffe schnell hintereinander. Das war das Zeichen für die anderen, dass sie kommen sollen."* In Zeiten ohne Handy und ohne Telefon waren Notrufsignale dieser Art lebenswichtig. So konnten die Almleute im Notfall den Kontakt zu anderen Hütten herstellen. Damit die Nachbarschaftshilfe reibungslos funktionierte, wurden Feuerzeichen, Pfeifsignale und vor allem Rufe vereinbart. Vielleicht wurde so, als Zuruf über weite Entfernungen, auch der Juchizer geboren.

Ein Juchizer forderte einen „Gegenjuchizer" heraus. Kam keine Antwort, dann war das immer ein Grund zur Besorgnis. Im Kapitel „Von braven und von bösen Stieren" wird die Sorge einer Sennerin beschrieben, als nach ihrem Juchizer alles still bleibt. Es war kein gutes Zeichen, wenn ein Juchizer unbeantwortet blieb. Als 1924 die Sennerin Anna Kerschbaumsteiner auf der Reiflingbauernalm ermordet wird, lässt ein nicht erwiderter Juchizer der zweiten Sennerin Aloisia Auer keine Ruhe. Sie ist gerade dabei, auf der Weide die Tiere zu zählen und ihnen Salz zu geben, als sie keine Antwort von der Hütte bekommt. Die beiden Frauen hatten verabredet, einander zu juchizen. An einer Stelle, von der aus sie gerade noch die Hütte erblicken konnte, hatte Aloisia gejuchizt, um mit diesem Signal Anna ihren Standort anzuzeigen. Die darauffolgende Stille beunruhigte sie so sehr, dass sie ihre Arbeit unterbrach und zur Almhütte zurückging. Unterwegs hört sie Schreie und sie findet Anna mit durchgeschnittener Kehle in der Hütte liegen. Mit Recht war Aloisia höchst alarmiert gewesen, als ihr Juchizer unbeantwortet blieb!

Der „Juschrei" war weit mehr als eine gesungene Abfolge von Tönen. Es war ein Ruf, entweder um seiner überschwänglichen Freude Ausdruck zu geben oder um sich zu verständigen. Der Liedersammler Hans Gielge hörte 1925 im Ausseerland den gesungenen Ruf einer Sennerin, die ihre Kollegin zum Mittagessen rief: *„Mirzl! Kimm oha, sist*

Sennerin beim Juchizen auf der Schneckenalm bei Grundlsee.

„Gjuchazt hat man gleich amol! Gaudehalber, spaßhalber oder weil es schön gehallt hat. Wenn Schafsucher unterwegs waren, hat man gjuchazt und als Berggeher von der Höh' hat man auch gjuchazt."

wird da olls kolt, di jo-e ho-i!" Dieser jodlerähnliche Ruf hatte eine ähnliche Funktion wie ein Juchizer: Er dient in der Weite der Almlandschaft der Verständigung über längere Distanzen. Wer weiß, vielleicht ist der Juchizer mit seiner Stellung zwischen Sprache und Gesang sogar eine Art „Urmusik"?

Dieser Juchzer wurde gejauchzt, wenn auf der Jagd ein Hirsch getroffen wurde. Er wurde 1897 in der Veitsch in der Obersteiermark aufgezeichnet und von Josef Pommer veröffentlicht.

„Buam, teats juchazen!"

Wenn du früher auf der Alm warst, hast du die Sennerinnen vor einer Hütte zur anderen juchazen gehört. Dann hast du gewusst, aha, die ist bei ihrer Hütte. Früher hat das Juchazen, das Juschreien, einfach zum Leben dazugehört!
So ist es heute sicher nicht mehr, aber bei uns im Großarltal gibt es den Juschroa noch heute. Kürzlich war ich beim Heuen, da sind ein paar Buam in der Nähe in einer Wand geklettert und als die oben waren, haben sie heruntergeschrien. Wenn man net gleich zruckschreit, nachand rufen sie sofort: „Wos is heind mit dem Juschrei!" Ein Juchazer verlangt eine Antwort, einen Juchazer zurück.
Ja, ich schrei immer noch! Und ich sag auch zu den Jungen: „Buam, teats juchazen, des ghört sich ja so!"

Maria Ammerer, Hüttschlag im Großarltal

Josef Pommer veröffentlichte diesen Juchzer im Jahr 1900 und schrieb dazu: „Der Zieler Johann Pechab, der Leandlknecht (Lindelbauerknecht), zeigt in der Ramsau beim Scheibenschießen den Treffer durch den oben stehenden Juchzer an.

1893 hörte Josef Pommer diesen Juchzer von einer Bauerndirn bei Landl im Gesäuse.

Alm im Kleinsölktal.

„Übers Tal haben wir uns auf der Alm mit einem anderen Halter zammgschrien: „Du Vikt! Kochst du heit oder wir heit!“ Dann sind wir halt zu ihm gegangen oder er zu uns.“

Die Liebe auf der Alm

Eine schöne Sennerin, eine entlegene Almhütte und der „Bua“, der in der Nacht zu Besuch kommt, weil „auf der Alm gibt's koa Sünd'“ – das sind die Zutaten, die das Klischee vom Liebesleben auf der Alm nähren. Sie finden Ausdruck auf zahlreichen Kaffeehäferln, gestickten Wandschonern und alten Postkarten. Was ist dran am freizügigen Almleben? Waren die Sitten auf der Alm tatsächlich freier und ungezwungener als im Tal?

Betrachten wir zunächst die Lebensumstände der bäuerlichen Bevölkerung bis in die Mitte des letzten Jahrhunderts. Auf den Bauernhöfen lebten, im Vergleich zu heute, viele Menschen in engem Miteinander. Man arbeitete gemeinsam, man nahm die Mahlzeiten zusammen ein und die Mägde und Knechte schliefen, nach Geschlecht getrennt, sogar gemeinsam in einem Zimmer. Das Zusammenleben unterlag einer engen sozialen Kontrolle durch die Hausgemeinschaft, die Nachbarschaft und die Dorfgemeinschaft. Dazu kam die kaum vorhandene Freizeit. Es war für junge Menschen gar nicht so einfach, sich zwanglos zu treffen. Selbst in den arbeitsfreien Stunden, am Samstagnachmittag und am Sonntag konnte man sich nicht ohne Weiteres verabreden, sondern musste sich beim abendlichen „Fensterln“ heimlich treffen.

Auf der Alm hingegen war die Sennerin ihr eigener „Herr“, nicht nur was die Einteilung der Arbeit anging, sondern auch was ihre Sozialkontakte betraf. War das Fensterln im Tal eine Sache, die man ständig vor den Bauersleuten geheim halten musste, so konnten auf den Almen nächtliche Besucher viel freier empfangen werden. Eine steirische Sennerin, 1928 geboren, erinnert sich: *„Auf der Alm war es lockerer. Es ist oft ein halbes Jahr hergegangen, dass einer mit der anderen gegangen ist und keiner hat es erfahren. Der ist spät auf d' Nacht gekommen und ist in aller Früh wieder weg.“*

Auf der Almhütte hatte die Sennerin ihre eigene Kammer, ihren eigenen Schlafbereich. Im Tal hingegen teilten sich die unverheirateten Mägde die „Menscherkammer“. Privatsphäre gab es dort nicht – umso kostbarer waren die wenigen Sommermonate, in denen die Frauen über eine eigene „Wohnung“, ihre Hütte verfügten.

Natürlich wussten auch die Männer um die Gelegenheiten, die sich boten. Ein Viehhalter, geboren 1939: *„Wenn wir Burschen auf der Alm übernachtet*

Maria Ferk als fesche Sennerin auf der Jauringalm im Hochschwabgebiet.

„Wir waren zwei junge Sennerinnen und da hat es sich am Samstag und am Sonntag schon abgespielt. Aber das hat es nicht gegeben, dass einer von den Besuchern hint' bleiben durfte, oben bleiben. Na, na, die haben alle miteinand wieder gehen müssen! ‚Kemmts halt glei wieder amol!', haben wir gesagt."

haben, haben wir im Heu geschlafen. Gach hast dich umgedreht, ist der andere weggewesen. Und in der Früh war er wieder da!"

Aber wehe, die Burschen ertappten einen anderen bei einem Schäferstündchen! In so einem Fall mussten sich die Liebenden auf Krach, Krawall und allerhand Streiche gefasst machen. Der Brauch des „Nachpackens" oder „Bauens" auf der Alm lief darauf hinaus, die Hütte von außen so zu verriegeln und zu „verbauen", dass die Ertappten praktisch eingesperrt waren und nur mit viel Mühe nach draußen gelangen konnten: *„Wenn du gewusst hast, da ist einer bei der Sennerin drin, dann hast du die Hüttentür verrammelt. Rechen, Sensen, Holz – alles was du finden hast können, hast du vor die Tür gebracht. Die Tür geht ja nach innen auf und wenn die zwei jetzt aufmachen, dann fliegt ihnen alles entgegen, dann haben sie das ganze Klumpert in der Hütte drinnen! Beim Fenster bist ja net aussi kemman, weil das früher nur so kleine Guckerln mit einem Eisenspitz davor waren. Ja, die zwei haben halt alles wieder wegräumen müssen!"*

Durch Bräuche dieser Art wurden die Liebesbeziehungen öffentlich gemacht. Es war auch eine Warnung an die Paare, dass auch auf der Alm nichts lange geheim bleiben kann.

Ein Murtaler Bauer berichtet gar von einer Sennerin, die abends heimlich ihre Hütte verlassen hat, um ihren Liebhaber zu besuchen: *„Sie ist a wenig damisch gwen auf d' Mauna! Einmal ist sie wieder am Abend weg gewesen, da hat ihr eine andere Sennerin*

Die „hoamlichen" Schlupflöcher

Wenn ein Verehrer auf d' Nacht zu einer Sennerin gehen wollte, dann musste das heimlich geschehen. Die anderen sollten ihn nicht kommen sehen und nicht gehen sehen. Oder, eine andere Gschicht', wenn der eine Bua gekommen ist, dann hat womöglich der andere schnell weg müssen.

Früher haben die Hütten noch kein Fundament gehabt, sondern sind auf den Steinen gestanden. Jetzt haben sie unter dem Bett vom Hüttenboden ein schmales Stück, etwa ein oder zwei Bäume breit, weggeschnitten, grad so viel, dass einer hinausschlüpfen kann. Die Leute sind früher eh so mager gewesen, da ist sich das schon ausgegangen! Da hat man dann ein Tuch drübergehängt, damit es nicht hereingezogen hat. Das waren die „hoamlichen" Schlupflöcher! Ja so war's bei den alten Sennerinnen, wie sie noch jung gwesn sind!

Peter Zach, Mitterberg im Ennstal

Junge Buam und Sennerinnen um 1930 auf der Payeralm im Murtal.

„Ab und zu ist einmal ein Fensterer kemman, wie es halt der Brauch gwesn is, meistens am Samstag. Früher hat alles ein bissl geheimer gehen müssen. Da hat ein Bursch nicht bei der Haustür hineingehen können."

einen Possen gespielt. Sie haben den großen Kessel von der Feuerstelle runtergehoben und ihr vor die Hüttentür gestellt. Dann haben sie ihn mit Wasser voll angefüllt. Als die zurückgekommen ist, hat sie alles wieder wegräumen müssen! Sie hat das viele Wasser, es waren mindestens fünfzehn Eimer, weggetragen!"

Für Bauerntöchter galt der Spruch: Zuerst Sennin, dann Bäuerin werden. Dies bedeutete nichts anderes, als dass sie nach ein paar Almsommern einen Hoferben heiratete und somit Bäuerin wurde. Verliebte sich allerdings eine Magd und ging eine Beziehung ein, dann durfte sie meist nicht darauf hoffen, geheiratet zu werden. Heirat und Ehe blieb den Besitzenden vorbehalten. Knechte und Mägde blieben häufig unverheiratet, aber deswegen nicht kinderlos.

Gerade die scheinbare Freiheit auf den Almen wurde für manche Frauen zum Verhängnis. Eine Pongauer Sennerin: *„Es hat geheißen: Auf der Alm gibt's ka Sünd'. Aber wenn du schwanger gewesen bist, dann haben alle mit dem Finger auf dich gezeigt!"*

Ledige Mütter und ihre Kinder hatten kein leichtes Leben. Auf dem Hof wurden diese Kinder gerade noch geduldet und waren in keiner Weise den Bauernkindern gleichgestellt. Nahm die Sennerin ihr Kind mit auf die Alm, musste sie einen 16-Stunden-Tag bewältigen und nebenbei noch ihr Kleines versorgen: *„Du hast das Kind hingelegt und es hat geschrien, alles neben dem Arbeiten. Aber es hat halt sein müssen!"*

Eine andere Sennerin musste wenige Tage nach der Geburt ihr Kind zurücklassen und auf die Alm

Eine Sennerin wird schwanger

Auf der Alm hat es passieren können, dass ein Bua, der tagsüber Gast war, am Abend bei der Hüttentür anklopft. Oft hat die Frau den Burschen nur mit dem Vornamen gekannt und auch nicht genau gewusst, wo er daheim ist. Er ist vielleicht über d' Höh' gewandert, zufällig bei der Hütte vorbeigekommen und die Sennerin hat ihm gefallen. Jetzt hat er die Gelegenheit genutzt und bis zum Abend gewartet. Dann war schnell ein Malheur passiert! Die hat oft net amol gscheit gewusst, wer der Vater ist! Der hat sich davongemacht und keiner hat für das ledige Kind gezahlt. Der Mann war weg und die Schlechte war wieder einmal die Frau! Für die ledigen Mütter war das furchtbar, die mussten die ganze Last alleine tragen.

Maria Ammerer und Maria Viehauser, Hüttschlag im Großarltal

Sennerin und zünftige Almbesucher auf dem Kolbnitzer Alpl in Kärnten.

fahren: *„Wir haben keine andere Sennerin außer mir gehabt, die auf die Alm gefahren ist. Deshalb hat gleich die Godl, die Taufpatin, das Kind über den Sommer genommen. Sie hat es zur Taufe getragen und von dort gleich mit heimgenommen. Erst Ende September habe ich das Kind wieder bekommen. Das war nicht leicht für mich. Ich hab viel geweint."*

In einem alten Kärntner Volkslied heißt es: „Bin a loadige Sendrin hoch obm auf der Olm" – Bin eine ledige Sennerin hoch oben auf der Alm. Es waren vielfach die Frauen, die die Freiheiten, die ihnen das Almleben bot, besonders schätzten, auch wenn Schönes und Schweres, Vergnügen und Leid nah beieinander lagen.

Und i liab a frisch's Dirndl, wia Milli und Bluat,
sie hat schwarze Äugerl, an lebfrischen Muat.
Und sie tuat ma scho zeitlang rein alles zu Fleiß,
ja ihr Liab is so kalt als wia's Eis.

Und wann i sie fragen tua: „Was hab i dir ta'?"
So draht s'mir den Ruckn und schaut mi nit a'.
Und sie wischplt und waschplt, sie moant, es war fei':
„In da Liab muass a Abwechslung sei'."

Und wia i im Summa auf d' Alm aufi kimm,
da hear i vo' weitn a Kindergschroa drin.
Und i wischpl und waschpl zu da Hüttentür nei':
„Ja, des wird von da Abwechslung sei'!"

Das „Bauen“, nachgestellte Aufnahme um 1927.

„Ja, auf der Alm ist es so: Wenn ein Bua zum Dirndl geht und die anderen kapieren, dass er dableiben will, nachher wird gebaut! Da wird ein bissl gewartet, bis man denkt, die zwei schlafen gut. Dann wird die Aktion gestartet. Mit Kuhglocken und Geißeln, alten Häfen und Almstecken und was halt einen Lärm macht zur Hütten. Dann sagt einer zuerst seinen Spruch: ‚Der Grund ist fest, der Mist is an'broat und hiaz bau ma!‘ Und wenn sich nicht sofort wer meldet, geht der erste Umzug schon rundherum. Ja und der Krawall wird immer ärger, bis die zwei recht gern aufmachen!“

Die Almgeher

Die Bewirtung der Gäste auf den Almen ist eine eigene Geschichte. Tatsache ist, dass es lange üblich war, für das Butterbrot und das Glas Milch nichts zu verlangen. Jeder Almwanderer durfte nach Herzenslust zulangen, ohne eine Rechnung präsentiert zu bekommen. Nur das Schnapsl, das musste bezahlt werden. Diese Almgeher waren allerdings meist keine Touristen, sondern Einheimische, die, wenn es die Arbeit im Tal zuließ, auf die Almen wanderten. *„Im Juni, Anfang Juli ist fast nie jemand auf die Alm gekommen. Erst ab Ende Juli, eigentlich erst im September, wenn die Heuarbeit vorbei war, dann sind sie ab und zu am Wochenende heraufgegangen. Das war eine Seltenheit und deswegen hat man sich sehr darüber gefreut.“*

Es war üblich, dass man dem Gast einen Brotlaib und Käse und Butter im ganzen Stück hinstellte. Jeder konnte sich abschneiden, so viel er wollte und sich selbst bedienen. Als Getränk gab es Milch oder Buttermilch, niemals Bier, wie es heute üblich ist. Es wurden nur die Almprodukte aufgewartet, nichts, das extra für die Gäste auf die Alm hätte transportiert werden müssen. Eine Ausnahme bildete Schnaps. Das Stamperl Schnaps, das Budei, wie es in Salzburg genannt wird, musste bezahlt werden und stellte für die Sennerin einen kleinen Zusatzverdienst dar.

Maria Viehauser aus dem Großarltal erinnert sich an die Anfänge des Almtourismus. *„Bier hat es bei uns auf der Alm nur ganz selten gegeben, weil mein Mann das Bier hinauftragen musste. Da tragst ja nicht eine Kiste Bier, sondern immer nur ein paar Flaschen! Aber die Gäste haben das Bier halt so gern gehabt. Immer wieder haben sie mich gebeten: ‚Maria, bittschön, g'halt uns eine Flasche Bier auf.' Ja, das war oft schwer, denn man hat mit dem Bier sparsam sein müssen!“* Erst als die Almen durch Forststraßen erschlossen wurden, kam der Tourismus richtig in Gang. Jetzt konnten nicht nur Lebensmittel und Getränke leicht transportiert werden, auch so mancher Gast zog es vor, mit dem Auto auf die Alm zu fahren statt zu gehen.

Vor dieser Zeit waren die Besuche auf der Alm noch überaus persönliche Angelegenheiten. Die meisten Almgeher waren der Sennerin bekannt, denn in der Regel waren es Angehörige vom Heimhof oder Leute aus den Ortschaften im Tal. *„Samstag war Almgehertag. Die Gäste brachten ihre Verpflegung selbst*

Lustige Almpartie auf einer Ennstaler Alm.

„Am Sonntag, wenn sich Leut' angesagt haben, dann hat man nur die wichtigste Arbeit getan und hat den Butterkübel halt für einen Tag auf die Seite gestellt.
Es ist bei uns immer lustig gewesen und zum Singen, eine Gaudi halt. Weil unsere Alm so abgelegen war, dass es für die Alten zu beschwerlich gewesen ist hinaufzugehen, sind zu uns nur die Jungen gekommen. Vielleicht auch deshalb, weil wir zwei junge Sennerinnen waren!"

mit und haben oft im Heu übernachtet." Im Spätsommer war eine Almwanderung ein preiswertes Wochenendvergnügen. Bei Schönwetter machte sich die Dorfjugend am Samstag auf in Richtung Alm, um dort ein paar unbeschwerte Stunden zu verbringen. Der Murtaler Ignaz Moser: *„Das Leben hat sich bei uns am Samstag und am Sonntag auf der Alm abgespielt. Da hat man sich verabredet: ‚Ja, heut' gemma auffi zur Hiaslhüttn!' Zuerst waren es nur ein paar Leute, aber bis zu Mittag war es ein ganzer Schock, der dann oben gewesen ist. Die Leute vom Dorf waren alle Almgeher! Wenn 's Wetter 'tan hat, praktisch jedes Wochenende. So wie im Winter alle Eisschießen waren, so sind im Sommer alle auf die Alm gegangen."* Irgendjemand hatte sicher einen „Fotzhobel", eine Mundharmonika, dabei. Es wurde musiziert, gesungen und manchmal auch getanzt.

Wer vor dem Peterstag, dem 29. Juni, auf die Alm ging, der machte sich verdächtig. Schnell wurde so jemandem ein Verhältnis mit der Sennerin nachgesagt. Denn wer hatte schon im Frühsommer Zeit, auf die Alm zu gehen, wenn daheim genug Arbeit wartete? Es war die Zeit der heimlichen Almgeher, derjenigen, die nicht gesehen werden wollten und die deshalb auch gerne in der Nacht kamen und am Morgen wieder gingen. Wurden sie gesehen, hieß es: „Gehts Kasstall lecken!" Damit meinte man das Käseregal, die Stellage, die zu dieser Zeit ja noch leer, ohne Käse, war. Erst am Peterstag war es „erlaubt", auf die Almen zu gehen. Viele Sennerinnen

Ein Haferl für die Sennerin

Wenn man zur Sennerin auf Besuch gekommen ist, hat man ihr etwas mitgebracht und sehr oft war das ein Kaffeehaferl. Eine Sennerin hat früher kein eigenes Geschirr gehabt, deshalb hat man ihr ein Haferl mitgebracht. Ich hab weit über hundert Haferln in meiner Hütte. Ich habe auch manchmal ein Schüsserl mit Würfelzucker bekommen, das war auch sehr nett.

Die Holzknechte haben als Geschenk gerne „Span" mitgebracht. Damit hat man früher Feuer gemacht. Der Großvater hat der Großmutter noch ganz schöne „Span" gehackt, am Ende etwas hineingeschnitzt und mit Draht zusammengebunden. Er hat das der Großmutter auf die Alm gebracht und ihr so seine Aufwartung gemacht. Diese Spanscheitel wurden nie verheizt. Ich bewahre sie heute noch als Erinnerung auf.

Kathi Hubner, Gosau

Die ehemalige Iglmoossennerin Kathi Hubner mit ihren „Haferln“.

„Am Wochenende sind die Sennenknecht' gekommen, so haben wir die Besucher auf der Alm genannt. Wir haben ihnen einen Brotlaib, den ganzen Kas und den Butterbrocken hingestellt. Jeder konnte sich nehmen, so viel er wollte. Auch Buttermilch und Milch haben wir ihnen aufgewartet. Bezahlen mussten die dafür nichts. Nur das Schnapserl war nicht gratis.“

Die Sennerin gibt dem Wanderer ein Glas Milch auf der Fölzalm im Hochschwabgebiet.

sehnten diesen Tag schon herbei, denn dann fing die gesellige und lustige Zeit endlich an.
Ein Lostag für die Alm war der „Jokastag", der Jakobstag, am 25. Juli. *„Am Jokastag sind wir zum Mähen auf die Alm gekommen und wenn schlechtes Wetter war, dann haben wir halt oben gefeiert! Der Jokastag war jedenfalls immer ein Almtag."* Auf anderen Almen war es am Jakobstag Brauch, dass die Bauern ihre Almen besuchten und als Geschenk für die Sennerin die Jokaskrapfen mitbrachten. An diesem Tag fanden sich für gewöhnlich viele ein: *„Am Jokastag haben wir gejodelt und gejuchazt! Das war ein Almfeiertag."* Jokaswoche, Laurenziwoche, Frauenwoche, Barthlmaiwoche – so verging mit den Bauernheiligen der Almsommer und mit ihm die Zeit, in der die Hütte der gesellige Treffpunkt der Almgeher war. Neben den klassischen Almbesuchstagen zu Jakobi, Bartholomä und Mariä Himmelfahrt hieß es gegen Ende des Sommers fast jedes Wochenende: *„Kehr ma da Alm zua!"*

Bua, willst auf d' Alma fahrn,
muasst di wohl guat verwahrn,
Bundschuah und Nägl dran,
sist kummst nit an.

Greane Strümpf, greanen Huat,
's Greane steht gar so guat,
ledern Gurt, 's Gamserl drauf,
so steigt ma auf.

Steckn nimmst du in die Hand,
sist fallst du's von da Wand,
uman Huat 's greane Band,
oft bist beinand.

Auf der Fölzalm im Hochschwabgebiet.

„Oft war es so lustig, da haben wir gesagt: ‚Jetzt haben wir für die ganze Woche genug gelacht!' Wenn die lustigen Leut' gegangen sind, dann waren wir immer ein bissl traurig. Nach so einem Tag haben wir oft bei der Hüttentür hinausgeschaut: ‚Kimmt wer? Na, neamd kimmt! Gemma holt Küah holen.'"

Der Bergstecken

Ich war Förster und als solcher auch Jäger. Und einen Jäger ohne Bergstecken? Gibt's net! So ein Stecken, bei uns nennt man ihn „Birigstecken", ein Haselnusstrieb, ist eineinhalb bis zwei Meter lang. Die richtige Gehtechnik mit diesem Stecken muss man erlernen und gut beherrschen. Wenn man einen neuen Jagdherrn hat, ist das Gehen mit dem Stecken das Erste, was man ihm beibringt, denn sonst macht der Gast damit im felsigen Gelände mehr Lärm, als bei einem Pirschgang gut ist. Wenn man es aber einmal kann, dann ist der Birigstecken eine gute Gehhilfe. Im Flachen trage ich den Stecken in der rechten Hand. Gehe ich bergauf, hilft mir der Birigstecken durch den schiebenden Druck, Kräfte sparen; bergab sichert er mich gegen ungewolltes Ausrutschen. Im steilen Gelände geht man gerne in Serpentinen, da halte ich ihn mit beiden Händen vor mir. Durch den Druck mit dem Stecken in den Hang habe ich so ein drittes Standbein, bergauf eine zusätzliche Steighilfe, bergab eine gute Sicherung gegen eventuelles Abrutschen. Und wenn man über ein Schneefeld abrutschen will, kann man ihn auch als Bremse gut gebrauchen. Besonders ideal geeignet ist der Birigstecken bei einer Verschnaufpause oder bei der Beobachtung der Umgebung als Stütze.

Ich schneide mir meine Stecken heute noch selbst. Man muss sie im Herbst schneiden, wenn sie außer Saft sind. Die beste Zeit dafür ist Oktober, November. Aber du suchst dir den zukünftigen Birigstecken schon früher in einem Haselnussgebüsch aus, wenn er noch eine dünne, gerade gewachsene Gerte ist. Man beobachtet ihn und achtet darauf, dass er gerade wächst. Eventuell kann man ihn auch ziehen und leiten, damit er gerade bleibt. Die Zweige, die seitlich austreiben, schneidet man weg, damit man einen glatten Stecken bekommt. Wenn er die richtige Stärke hat, so drei Zentimeter im Durchmesser, dann schneidet man ihn.
Nun wird er über den Winter gelagert, bis er trocken ist. Man muss ihn flach hinlegen, damit er nicht durchhängt und schön gerade bleibt. Im nächsten Sommer kann man ihn dann schon verwenden. Vorher braucht man aber noch einen Schlosser oder einen Schmied, der einem den Spitz macht.
Ich habe zuletzt in meiner aktiven Zeit als Jäger keine Eisenspitze mehr gehabt. Ich hab den Stecken nur ein bissl mit dem Messer zugespitzt, weil, wenn das Eisen so scheppert auf den Steinen, das ist für den Jäger bei der Pirsch eher ungünstig.

Gottfried Gamsjäger, Gosau

Gottfried Gamsjäger mit seinem „Birigstecken“.

Der überlange Bergstecken gehörte früher bei jeder Bergtour zur Ausrüstung des Wanderers.

Der Frauenmörder

Sennerinnen lebten oft monatelang allein auf der Alm, manchmal nur in Begleitung eines halbwüchsigen Hüterbuben. Nicht immer gab es in unmittelbarer Nähe eine zweite Hütte und häufig lag die nächste menschliche Unterkunft auf einer anderen Alm oder war eine abgelegene Holzknechthütte im Wald.

Wenn ich meine Gesprächspartnerinnen frage, wovor sie sich auf der Alm gefürchtet hätten, bekomme ich häufig zur Antwort: Eigentlich vor gar nichts, außer vor Unwetter, Blitzschlag und Unglück beim Vieh. Es sind in erster Linie die schweren Gewitter in den Bergen mit den überlauten Donnern, die an den Berghängen widerhallen, die die Frauen fürchteten.

Manchmal bekam ich aber auch Antworten wie diese: *„Gefürchtet haben wir uns erst, als wir vom Fladnitzer Mörder gehört haben! Davor haben wir nie Angst gehabt."* Von steirischen Sennerinnen hörte ich vom rätselhaften „Fladnitzer Mörder", die Frauen der anderen Bundesländer sprachen wiederum von Mordfällen in ihrer Region. Sobald in den Zeitungen intensiv über einen Mordfall berichtet wurde, setzte sich die Angst in den Köpfen fest. Eine Salzburger Sennerin bringt es auf den Punkt: *„Früher haben wir ein ruhiges Leben gehabt, weil wir nichts gewusst haben von den Leuten, die umgebracht wurden. Wir haben keine Zeitung gehabt, kein Radio. Es hat früher bestimmt auch solche Sachen gegeben, aber wir haben nichts davon gewusst. Ich war allein auf der Alm oben, da hätte auch viel passieren können! Ich habe mich aber nie gefürchtet."*

Eine Ennstaler Sennerin hingegen hörte von den Mordserien im südoststeirischen Ort Fladnitz, die zu Beginn der Fünfzigerjahre das Land in Atem hielten. *„Man hat vom Fladnitzer Mörder gehört und deswegen haben wir uns gefürchtet. Bei uns ist eh nie was vorgefallen, aber man hat das halt gehört und dann hat man Angst bekommen. So eine Nachricht hat sich gleich überall verbreitet, auch bei uns auf der Alm, obwohl wir da kein Radio gehabt haben."* Immer, wenn diese Frau abends Geräusche bei der Hütte hörte, hatte sie von nun an Angst. *„Wir haben versucht, uns zu beruhigen und uns gesagt: Es ist eh der Jäger, der Naz, bald da! Der Naz wird eh bald kommen! Das war allweil unsere Ausrede, damit wir uns nicht so fürchten."*

In dieser Zeit vertrauten die Frauen niemandem: *„Am Abend höre ich auf einmal Geräusche vor der*

Vor der Hütte auf der Pitschenbergalm, wo Margaretha Krallinger zwei Mordverdächtigen begegnet ist.

Hütte. Nein, hab ich mir gedacht, ich rühr mich heut nicht! Dann war's vorbei, dann ist es wieder losgegangen. Schließlich bin ich doch hinunter und hab durch die Tür gefragt, was los ist. Sie wollten nur den Schlüssel zur Nachbarhütte. Ich hab mich umsonst gefürchtet!"

Nicht immer war die Angst unbegründet. Margaretha Krallinger ist auf der Pitschenbergalm tatsächlich zwei Mordverdächtigen begegnet: *„Ich bin gerade im zweiten Jahr Sennerin gewesen. Und auch mein Hüter war noch so jung. Die Gendarmen haben uns gewarnt. Sie haben uns erklärt, dass auf der Nachbaralm eine Sennerin umgebracht worden ist und dass sich die zwei Frauenmörder noch in unserem Gebiet aufhalten. Die Gendarmen haben uns auch erklärt, dass die zwei in den Hütten Gewand fladern und so immer wieder anders ausschauen. Der Seppi, mein Hüter, hat das bissl Gwand, das er gehabt hat, im Heu versteckt, damit sie nichts finden.*

Nach diesem Vorfall haben wir ein Radio mit Batterien auf die Alm bekommen und wir haben uns die Nachrichten immer voller Angst angehört. Und dann sehen wir von der Nachbarhütte aus, wie zwei Männer zu unserer Hütte hingehen und um unsere Hütte herum. Wir haben genau gewusst, dass das die Frauenmörder waren. Wir haben eine Mordsangst gehabt! Zuerst haben wir uns gar nicht mehr zu unserer Hütte hingetraut. Wir haben gefürchtet, dass sie sich zum Schluss noch irgendwo in der Hütte versteckt halten. Aber schließlich sind wir doch hin, wir haben ja unsere Arbeit tun müssen!

Singler hat der Hauptmörder geheißen, der hat sich selbst umgebracht. Vom anderen wissen wir nicht, wo er geblieben ist."

Fenster der Almhütte aus dem Sattental bei Pruggern im Ennstal im Österreichischen Freilichtmuseum Stübing mit eisernen Spitzen, den so genannten Wolfszähnen, die ein Eindringen in die Hütte durch die Fensteröffnung verhindern sollten.

„Die Fenster auf den Almhütten, das waren früher nur so kleine Guckerln mit einem Eisenspitz davor. Da konnte niemand beim Fenster hinein."

„Edelweiß! Im Sinne des Wortes jäh gepflückt aus rauher Hand,
Blick hernieder auf die Deinen aus dem ew'gen Friedensland.
Zum treuen Gedenken an Anna Kerschbaumsteiner, grausam ermordet am 12. 6. 1924"

Stickerei auf dem Hemd, das die Sennerin Anna Kerschbaumer zum Zeitpunkt ihrer Ermordung getragen hat. Neben den Einstichstellen wurde mit rotem Garn dieser Gedenkspruch gestickt.

Es war auf einer Alpe – Das „Mörderlied"

Eine Moritat in steirischer Mundart erinnert an den Mord an der erst 15-jährigen Halterin Anna Kerschbaumsteiner am 12. 6. 1926. Sie wurde von einem zurückgewiesenen Verehrer, einem Holzknecht, durch Messerstiche ermordet. Das blutige Hemd des Mädchens mit den gut sichtbaren Einstichstellen wird bis heute als Mahnmal aufbewahrt.

Dieser Mord löste weitum Schrecken und Empörung aus. Die betroffene Alm wurde nach dem Verbrechen nie mehr bewirtschaftet. Man sagt, dass noch lange nach der Tat das Blut der jungen Frau auf den Stufen zum Eingang der Hütte zu sehen war. Heute erinnert das so genannte Kerschbaumsteinerkreuz auf der Reiflingbauernalm an die ermordete Halterin Anna Kerschbaumsteiner.

Almhütte im steirischen Hochschwabgebiet.

„In den Fünfzigerjahren war das mit dem Fladnitzer Mörder. Da hab ich mich schon gefürchtet! Auf d' Nacht bin ich damals nicht mehr Wasser holen gangen, weil da hast müssen durch den Wald gehen."

Es war auf einer Alpe

Es war auf einer Alpe, wo froh die Sennrin haust,
wo Küh und Lämmer weiden, weit weg von Ort und Haus.

Im Fruahjoahr nach dem Winter, wann 's Almgras wiada wachst,
wiad's auf dar Alm lebendig, wiad d' Almwirtschaft aufgmacht.

Zwoa Diandln san hait auffe, von Zeitn her da Brauch,
zwoa Diandln wia zwoa Schwestern, auf d' Reiflingalm hinauf.

Im Juni woa's, den zwölften, ins Tal die Kunde kam:
Ein Diandl liegt im Blute, von falscher Mörderhand.

Ihr Herzblut ist geflossen ins zarte Alpengras,
ihre Unschuld, die bleibt ewig, die Berg' bezeugen das.

Verlassn steht die Alma auf steiler Bergeshöh,
verlassn bleibt sie immer, auf Nimmerwiedersehn.

Wir streuen Alpenblumen aufs Grab mit frommem Sinn,
denn drinnen liegt im Schlummer eine stille Märtyrin.

Zur Verfügung gestellt aus dem Archiv von Dr. Werner Kortschak sen., Weyer an der Enns

Ansicht von der Reiflingbauernalm mit dem Porträt des Mordopfers Anna Kerschbaumsteiner.

Ein paar Wilderergeschichten

Der Wilderer ist für die einen ein Wilddieb, für die anderen aber ein Wildschütz. Der feine Unterschied liegt im Rechtsverständnis: Ist es das Recht eines freien Mannes zu jagen, ganz besonders in Notzeiten, wenn er seine Familie versorgen muss? Oder sind Wilderer Verbrecher, denen auch Menschenleben wenig bedeuten?

Es ist das Spannungsfeld zwischen Jäger und Wilderer, in dem die Sennerin einen ganz besonderen Platz hatte. Der Jäger besuchte sie genauso wie mancher Wilderer, der vielleicht sein „Stutzerl", das Gewehr, in ihrer Hütte versteckt hatte. *„Das beste Versteck für das Stutzerl war unter dem Strohsack im Bett der Sennerin. Da hätte nie ein Jäger danach gesucht!"* Oft hängten Wilderer ihre Waffen aber auch einfach auf Bäumen auf: *„Sie haben ihr Gewehr auf Fichten versteckt. Das war sehr schwer zu finden. Du kannst ja nicht auf jeden Baum hinaufsteigen und suchen."*

Es war in den wenigsten Fällen so, dass die Sennerin mit dem Wilderer eine Liebesbeziehung hatte, auch wenn es in einem Lied heißt: „Bei Tag liebt sie den Jaga, den Wilderer bei der Nacht. Aber wen sie lieber hat, das hat sie mir nie gsagt." Weit weg von solcher Wildererromantik war es schlicht und einfach eine Tatsache, dass die Almhütte Zuflucht bot und diese von den Frauen auch meist nicht verweigert wurde. Eine Sennerin aus dem Großarltal erinnert sich: *„An einem Tag, es war schlechtes Wetter, da war meine Stube voll mit Jägern! Sie haben gewusst, dass zur gleichen Zeit einer wildert, denn man hat einmal einen Tusch, einen Schuss, gehört. Und jetzt kommt es dem Wilderer in den Sinn, dass er auch zu meiner Hütte kommen will. Er wollte sich gern ein bissl trocknen und aufwärmen. Er kommt näher und muss aber vorher noch sein Geschäft verrichten. Er hockt sich nieder und dabei haben ihn die Jäger beobachtet. Dem Hauptjäger war das in diesem Moment egal, ob da jetzt einer wildert oder nicht, aber ein anderer war so diensteifrig, der hat sein Gewehr genommen und ist zur Nebenhütte. Der Wilderer hat wohl die Unruhe bemerkt und er wollte sich gerade wieder verstecken, da schießt der auf ihn! Er hat ihn aber nicht getroffen. Später hat mich der Wilderer dann noch besucht und mir erzählt, dass von dem Schuss die Steine unter seinen Füßen weggesprungen sind! So nah war der Schuss!"* Diese Sennerin betont, dass der Jäger wohl nicht den Mut gehabt hätte, direkt zum

Zwei Jäger im Großarltal.

„Oft ist mit den Jägern eine Gaudi gwen, das war eh die einzige Unterhaltung unter der Woche. Ein Jaga hat bei uns beim Fenster aussigschaut und gesagt: ‚Oh, jetzt siech i scho wieda a Gams! Kannst mia a Budei Schnaps gebn?' So sind es dann allerhand Budei geworden!"

Die Sennerinnen auf der Salzburger Hühnerkaralm.

Wilderer zu gehen und ihn zu stellen. Es scheint, als ob es bei der Rivalität zwischen Jäger und Wilderer um so etwa wie „Ehre“ gegangen wäre. Als ehrenvoll galt, dem anderen von Angesicht zu Angesicht zu begegnen. Schoss ein Jäger aber hinterrücks auf einen Wilderer, dann konnte daraus schnell eine Heldengeschichte entstehen, die noch Jahrzehnte später weitererzählt wurde. *„In den Zwanzigerjahren haben sie bei uns einen Wilderer erschossen. Der Jäger hat vorher eh laut geschrien, aber der Wilderer ist in einen Hohlweg geflüchtet und der Jäger hat ihn von hinten erschossen.“* Dieser Jäger hatte gegen den Ehrenkodex verstoßen, welcher lautete: Wenn du von vorne schießt, dann ist das Notwehr, sonst ist es Mord. Der Mann musste von der Forstverwaltung sofort vom Dienst entfernt

Wenn der Hüter wildert

Einmal war ich auf meinen Hüter so bös, dass ich ihm eine Tetschn gegeben habe. Schießt der bei Tag, um acht Uhr in der Früh, eine Gams! Und das noch dazu gleich bei der Hütte! „Ja, was soll ich denn tun, wenn der Jäger kimmt?“, hab ich ihn gefragt. Und der Jäger ist oft auf Besuch gekommen! Antwortet der nur: „I moan, es war eh ein kranker Gamsbock.“ Ja, was fallt denn dem Hüter ein? Schießt gach den Bock und tragt ihn zur Hütte her!

Dann haben wir ihn halt aufgebrochen, ausgenommen, abgezogen und aufgearbeitet. Zum Selchen in den Kamin haben wir ihn nicht hängen können, weil da hätte ihn ja der Jäger entdeckt. Ein bissl was von dem Fleisch hat der Hüter zu seinen Eltern heimgetragen, den Rest habe ich durch Einsalzen frisch gehalten. Wir haben das Fleisch in ein Schaffel gegeben, gut gesalzen und mit einem Stein fest niedergedrückt. Ein Tuch drüber und das Ganze habe ich unter dem Heu versteckt.

Jetzt hat es bei uns oft Gamsfleisch gegeben. Wir haben aber immer müssen aufpassen, ob nicht gerade der Jäger daherkommt. Dann hätten wir das Fleisch schnell in den Kasten gestellt.

Das Gamsfleisch ist beim Kochen sehr heikel, weil es so fett ist. Wenn du es isst, bist du um den Mund herum immer ganz fettig. Deswegen musst du Gamsfleisch ganz heiß essen. Das Fleisch hat einen starken Wildgeschmack und schmeckt eigentlich gar nicht gut. Heute möchte ich keines mehr essen, heute schmeckt mir Reh viel besser!

Brigitte Pirchner, Hüttschlag im Großarltal

Das Bett der Sennerin auf der Sacherseealm in der Kleinsölk. Unter dem Strohsack wurde so manches „Stutzerl“ versteckt, da es die Gendarmen in der Regel nicht wagten, dort nach der Waffe zu suchen.

Und a Gams han i gschossn im Kaisergartn.
Diandl, wannst willst, kannst auf d' Lebern wartn.

„Die Schneidfeder zeigt, wie schneidig ich bin. Die Leute sagen dann: ‚Das ist ein schneidiger Bua!' Dann hat man sich mit sechzehn oder siebzehn schon wie ein Zwanzigjähriger gefühlt."

Die Federn des Birkhahns oder Spielhahns, die so genannten Schneidfedern, waren besonders begehrte Trophäen. Stolz trug sie der Besitzer an seinem Hut.

werden, um ihn vor dem Volkszorn zu schützen. Man sagt, die anderen Wilderer hätten ihn bei der nächsten Gelegenheit erschossen.

Oft waren Wilderer und Jäger einander mehr oder weniger gut bekannt, in einem Fall waren es sogar Vater und Sohn. Der Sohn war Melker auf der Alm, der Vater der Aufsichtsjäger in jenem Gebiet. *„Wir haben nichts zu essen gehabt. Da sagt der Melker: ‚Jetzt ist es mir aber zu blöd!', und er geht hin und schießt eine Gams. Am nächsten Tag haben wir sie im Muaspfandl auf dem offenen Feuer gebraten! Einer hat dabei die ganze Zeit aufpassen müssen, ob nicht ein Gendarm kommt. Dann haben wir alles gegessen und weggeräumt, da hören wir hinter der Hütte Schritte. Es war sein Vater, der Jäger! Der Melker geht zu ihm und sagt: ‚Wir haben eh alles weggeräumt!' – ‚Gott sei Dank!', hat der Vater gesagt. Auf dem Totenbett des Vaters haben sie noch einmal darüber geredet. Der Alte hat ihn gefragt: ‚Gell, die Gams hast du geschossen?' Und der Sohn hat es zugegeben."*

Die Gründe für das Wildern waren vielschichtig. In der Nachkriegszeit, in den 1920er- und 1930er-Jahren, wurde oft aus Armut gewildert. Um die Familie wenigstens ab und zu mit Fleisch zu versorgen, nahmen viele Männer das Risiko der Wilderei auf sich. Gleichzeitig konnte man das Fleisch gut verkaufen und damit gutes Geld verdienen. Aber es war auch die Leidenschaft am Jagen, die viele zu Wilddieben werden ließ: *„Wer das im Blut hat, den drängts halt hinaus!"*

Darüber hinaus gab es noch einen ganz anderen Aspekt der Wilderei: Die Jagd auf den Spielhahn. Der Hahn wurde ausschließlich wegen seiner begehrten Federn, die „Schneidfedern", gewildert. Eine Schneidfeder am Hut signalisierte: „Ich bin ein schneidiger Bua!" Schneid zu haben war für die jungen Burschen eine wichtige Sache. Es bedeutete stark, mutig und draufgängerisch zu sein. Die prachtvolle Feder des Hahns gab es auch zu kaufen, deswegen wurde oft gemunkelt: „Wo hat der die Feder her? Selbst geschossen oder gekauft?" Wurde ein junger Mann provozierend gefragt: „Was kost' die Schneid?", dann war schnell eine Rauferei angezettelt.

Womit wir wieder beim Klischee des jungen, schneidigen Wilderers wären. Vielleicht stimmt es ja auch, was man sich erzählt: Im Ennstal sollen die Sennerinnen für die Wilderer Tücher vor die Hütte gehängt haben, ein rotes, wenn der Jäger da war und ein weißes, wenn die Luft rein war.

I bin's a freier Wildbratschütz,
steh auf in aller Fruah.
Ja, wann i im Wald aufs Schiaßn 'nausgeh,
aba kradschi hab ma's gnua

Und wia i's Rehtierl auswoadn tua,
schaut mir da Jaga zua.
Ei, du vaflixter Wildbratschütz,
pass auf, wos i da tua.

Da Jaga setzt sei Stutzerl an,
und schiaßt ma her aufs Leben.
Die Kugel fallt mir ins Gwand hinein,
i hab's eahm wiederum gebn.

I pack den Jaga bei dem Kropf
Und beitl eahm fest ban Schopf.
Mit'n Hirscherlfänger hab i eahm's aufighaut,
dass eahm 's Bluat glei obarinnt.

I pack den Jaga bei dem Schopf
Und ziag'n hinweg vom Weg.
Wann du das Schiaßn net besser kannst,
so nimm das neamma in d' Hand.

Fescher Bursch aus dem Ausseerland.

Von Schlangen und Würmern

Stellen Sie sich vor, Sie legen sich ins Bett und unter Ihnen „wurlt" es nur so vor Schlangen. Ihre Matratze ist ein Heusack, der nicht nur Ihnen, sondern auch den Ringelnattern eine warme und bequeme Schlafstätte bietet. Kaum legen Sie sich hin, stieben die Schlangen in alle Richtungen davon. Was uns kalte Schauer über den Rücken laufen lässt, war auf manchen Almen der Normalzustand: *„Beim Senninbett sind die Schlangen aus- und eingschloffen. Wenn du dich da hineingelegt hast, dann hast du gespürt, wie es inwendig wurlt und perlt. Ja, die hat man gut gespürt, überhaupt, wenn es eine dickere Schlange war! Aber das waren Ringelnattern, die sind nicht gefährlich."* Auf dieser Alm konnten die Nattern durch die Hüttenwand in die Kammer der Sennerin gelangen und unter das Heu schlüpfen. Die Sennerin nahm die Schlangen gleichmütig hin: *„Dass die Schlangen im Bett gewurlt haben, das hat man gar nicht mehr richtig wahrgenommen. Das hat dazugehört."*

Auch im großen kupfernen „Kaskessel", der zum Trocknen in den Sonnenschein gestellt wurde, räkelte sich hie und da eine Ringelnatter. Wer Angst vor Schlangen gehabt hätte, der hätte auch nicht den Holzstoß vor der Hütte genauer untersuchen sollen, denn auch da sind die Schlangen zwischen den Scheitern „umeinandgrennt". Aber nicht auf jeder Alm konnte man sicher sein, dass es sich dabei um harmlose Ringelnattern handelte: *„Wenn es blöd zugegangen ist, sind dir am Tag auch fünf, sechs Kreuzottern untergekommen."* Der Biss der Kreuzotter ist für gesunde, erwachsene Menschen zwar nicht unmittelbar lebensbedrohlich, aber trotzdem ein ernstzunehmender Notfall.

Eine Pongauer Sennerin, die auf der Alm von einer Kreuzotter gebissen wurde, nahm den Biss zunächst nicht einmal richtig wahr. Sie dachte, sie wäre im Gestrüpp hängen geblieben. Doch am nächsten Tag, merkte sie, dass ihr Fuß stark angeschwollen war. Da es aber gerade der Tag des Viehabtriebs war, ignorierte sie den „dicken Fuß" und ging zwei Stunden von der Alm ins Tal. Erst als das Vieh wohlbehalten zu Hause angelangt war, ließ sie sich mit dem Ross zum Doktor führen. Der hatte für sie „aufmunternde" Worte: *„Wirst es schon überleben, hast ja als Sennerin eine gute Natur!"* Wurden Kühe von Kreuzottern gebissen, litten sie genauso wie Menschen an geschwollenen Glied-

„Heraußen vor der Hütte haben wir einen Holzstoß mit Brennholz gehabt. Das waren lange Scheiter für unser offenes Feuer. Dort waren eigentlich immer Schlangen drinnen."

Auf der Pitschenbergalm im Salzburger Postalmgebiet.

„Den Kas, wir haben Labkäse gemacht, hast im Sommer alle Tag putzen müssen. Weil, wenn das Wetter recht heiß ist, dann kommen die Würmer. Und is lei oa Wurm amol drinnen, dann sind's gleich alle da."

Käserei auf der Bürgeralpe bei Aflenz.

maßen. *„Da hast halt den halben Sommer herumgedoktert. Als Gegengift haben wir das Akonit von der Wolfswurzel verwendet. Dabei musste man sehr genau dosieren und nur mit geringen Mengen arbeiten. Das Hauptmittel war aber Arnika. Damit haben wir den wehen Fuß immer wieder eingerieben."*

Für kleinere Tiere wie Ziegen war das Gift der Kreuzotter hingegen tödlich. Immer wieder kam es vor, dass „Goaßen" ins Euter gebissen wurden. Die Schlangen versuchten beim Euter Milch zu „zuzeln" und bissen zu, wenn das Tier sich wehrte. *„Nach so einem Biss entzündet sich alles. Das Euter kann fast abfaulen, für die Goaß ist das fast immer tödlich."*

Nach solchen Schilderungen wundert es nicht, dass auf manchen Almen Vorkehrungen gegen die Schlangen getroffen wurden. Peter Zach von der Tuchmoaralm in der Kleinsölk berichtet, dass die Betten dort wegen der Schlangen besonders hohe Füße gehabt hätten. Als kleiner Bub sind ihm diese ungewohnt hohen Betten zum Verhängnis geworden, denn schon am ersten Tag, den er als Vierjähriger mit der Mutter auf der Alm verbrachte, ist er aus dem Bett „aussageflogen" und unsanft am Boden gelandet.

Von vielen Almen, so auch von der Tuchmoaralm, wird die Sage vom „Weißen Wurm" überliefert. In den Einzelheiten unterscheidet sich die Geschichte von Region zu Region, doch es lassen sich viele Gemeinsamkeiten feststellen. Immer wird berichtet, dass eine Alm besonders unter einer Schlangenplage gelitten hat. Nun taucht ein Mann auf, eine Art „Schlangenbeschwörer". Dieser entzündet ein Feuer und murmelt seltsame Sprüche, worauf die Schlangen haufenweise ins Feuer springen und verbrennen. Plötzlich erscheint jedoch der „weiße Wurm", die weiße Schlange, und tötet den Mann, manchmal durch einen Biss, manchmal fällt der „Schlangenbeschwörer" auch allein beim Anblick tot um. Die Alm jedoch ist hinfort frei von Schlangen.

Sagenumwoben und geheimnisvoll ist auch der Kaswurm. Im Ennstal und im Paltental sollen die Kaswürmer zu Hunderten, ja zu Tausenden in einer Art riesigem Wurm miteinander verbunden in die Almhütten kriechen und dort Käse und Butter auffressen. Besonders gefährdet sollen Sennerinnen sein, die schlampig und unrein arbeiten. *„Aber wenn die oa Sennin die andere net hat mögn, dann hat sie ihr aus Bosheit den Kaswurm geschickt."* Ein solcher Kaswurm ließ sich der Sage nach nur vertreiben, wenn man an der Türschwelle entweder mit dem Schuh ein Kreuzzeichen gemacht hatte oder ein solches aus „Kreuzstecken", die aus einem Kreuzzaun gebrochen wurden, gelegt hatte.

Wie viele Legenden hat auch die Kaswurmgeschichte einen wahren Kern. Tatsächlich kann man in den Almgebieten des Ennstales manch-

Blick in eine Almhütte aus dem Sattental bei Pruggern im Ennstal im Österreichischen Freilichtmuseum Stübing. Im Vordergrund ein hölzernes Gefäß zur Milchverarbeitung, im Hintergrund auf dem Bottich eine Schottwiege.

Bis weit in das vorige Jahrhundert hinein wurde auf den Almen hölzernes Milchgeschirr verwendet. Viele Sennerinnen bevorzugten Holzbehälter, da sich im Holz die Milchsäure festsetzt und somit die Milch schneller sauer wird.

mal den Larvenzug der Trauermücke beobachten. Tausende wurmähnliche Larven kriechen dicht aneinandergedrängt wie ein riesiger „Kaswum“ über Wege und Almgebiete. Wenn man weiß, wie schnell im Käse der „Wurm“ drinnen sein konnte, und wie wichtig Reinlichkeit bei der Käserei ist, der kann nachvollziehen, dass Schauergeschichten über „Kaswürmer“ gerne erzählt wurden.
Eine Ennstaler Sennerin: *„Manchmal ist es passiert, da ist der Käse ‚lebendig‘ geworden. Wenn du ihn aufgeschnitten hast, hat es nur so gewurlt vor Würmern und Maden. Den hat man dann der Sau gegeben, damit kann man nichts mehr anfangen.“* Um Madenbefall zu vermeiden, putzte man den Käse im Sommer jeden Tag gründlich ab. Eine gute Vorbeugungsmaßnahme war auch, den Käse ordentlich zu salzen und zu pfeffern. Wenn die Bäuerin mit dem Pfeffer „schuftig“, also geizig war, dann soll so manche tüchtige Sennerin aus ihrer eigenen Tasche eine Extraration Pfeffer gekauft haben, um nur ja die Fliegen abzuschrecken. Ihr Lohn war der geringe Verlust an Käse und der Stolz über die Mengen an „Kas“, die sie von der Alm ins Tal liefern konnte.

Das „Beste“ vom Käs’

Die Leute sind wieder einmal in der Almstube zusammengekommen und ich bin damals als kleiner Bub auch dabei gesessen. Es wurde Almkäse aufgetischt, Graukäse, wie es bei uns in Millstatt üblich war. Man hat ein Stück vom Käse heruntergeschnitten und ich musste mit Erstaunen sehen, dass da plötzlich Würmchen herausgekrochen sind. Die Erwachsenen haben das überhaupt nicht beachtet.
Das gibt es nicht, habe ich mir gedacht, dass die anderen die Würmer nicht sehen! Die Leute haben den Graukäse mitsamt den Madenwürmern gegessen. Ich nehme an, der Käse hat ihnen auch so gut geschmeckt. Man sagte früher, dass der Wurm im Käse nichts Schlechtes gefressen hat. Es hat geheißen: Der Wurm hat ja nur das Beste vom Käse gegessen!
Heute isst man doch auch Heuschrecken und Grillen, da werden so ein paar Würmer den Menschen nicht geschadet haben.

Josef Oberzaucher, Obermillstatt

Eine der seltenen Aufnahmen des sagenhaften „Kaswurms". Dabei handelt es sich um den Wanderzug Tausender Larven der Trauermücke. Besonders in den Almgebieten des Enns- und Paltentales tritt dieses Phänomen auf, das Anlass zu einer Reihe von Geschichten und Legenden gab.

„Das war früher so, wenn man eine Sennin net mögen hat, dann hat man ihr eine Bosheit getan und ihr den Kaswurm geschickt. Aber wenn die, der der Wurm geschickt worden ist, mit dem linken Schuh vor der Hüttentür ein Kreuz macht, dann kann der Wurm nicht in die Hütte und muss verschwinden. Das war halt so ein Aberglaube."

Da Summa is uma

Ab den „Jokastagen“, um den 25. Juli, spürt man auf der Alm, dass der Sommer langsam zu Ende geht. *„Die Woad wird gar, alles wird trockener, die Viecher geben nicht mehr so viel Milch und es ist auch nicht mehr so früh zum Aufstehen und zum Melken.“* Die Tiere werden unruhig, weil sie weniger zu fressen haben, da die Qualität der Weide sich ändert. Als Zeichen, dass nun der Herbst kommt, blüht das Heidekraut purpurrot. Auch der Augentrost, der „Milchdieb“, taucht nun auf, genauso wie die Butterblumen und der Frauenmantel.

Irgendwann Ende September war es dann Zeit zum Heimfahren. Im Großarltal war der traditionelle Abtriebstermin zu Ruperti am 24. September, dem Tag des Salzburger Landespatrons. Aber den genauen Zeitpunkt hat der Bauer bestimmt, *„er hat angeschafft und es war zum Heimfahren“*.

In den letzten Tagen vor dem Abtrieb war die Sennerin mit dem Herrichten des Viehschmucks beschäftigt. Aufgekranzt wurde aber nur, wenn auf der Alm kein Vieh zu Schaden gekommen war und wenn im Tal am Heimhof niemand gestorben ist. Ist aber ein Unglück auf der Alm geschehen, dann zogen die Tiere ungeschmückt oder nur mit ein paar dunklen Bändern verziert ins Tal. Ereignete sich ein Todesfall, trugen die Tiere oft Klagkränze in den Farben Schwarz, Dunkelblau oder Violett.

An den Abenden vor der Heimfahrt besserte die Sennerin entweder bereits vorhandene Teile des Viehschmucks aus oder sie bastelte aus Krepppapier, Seidenpapier und Buntpapier neuen Schmuck. Daraus und aus Speik, Almrausch, Wacholder, Preiselbeerstauden, Reisig und Almblumen entstanden der Hals-, Hörner- und Stirnschmuck. An der Art, wie aufgekränzt wurde, konnte man die Rangordnung in der Herde ablesen: den aufwendigsten Schmuck erhielt die Leitkuh, danach folgten die Milchkühe mit einfachem Horn- und Halsschmuck und schließlich die Kalbinnen und Jungtiere mit bescheidenem Schmuck. Solange noch Stiere auf den Almen waren, wurden auch sie geschmückt, meistens mit einem Fichtenbäumchen. Im Ennstal gab es den Brauch, dem Stier eine Tafel umzuhängen mit dem Spruch: „I bin der Herr Stier mit meine zehn Küah, wir bitten den Bauer um a Winterquartier.“

Jede Region hatte ihre eigenen Schmuckvarianten. Typisch für Gosau im Salzkammergut etwa

Bärenkraut zum Aufkranzen des Viehs wird gepflückt.

„Auf der Alm haben wir das Laub von den Heidelbeeren, Latschen und auch ein paar Almblumen geholt. Von daheim haben sie Astern gebracht, weil es um diese Zeit auf den Almen nicht mehr so viele Blumen gibt. Daraus haben wir die Kränz' gemacht und auf den Hörndln vom Vieh befestigt. Heute, wo das Vieh keine Hörner mehr hat, da muss man so eine Art Halfter anfertigen, damit die Kränze überhaupt halten."

Die geschmückte Kuh wartet im Almstall auf die Heimfahrt, hier auf der Glettenalm im Großarltal.

„Beim Abtrieb merken die Kühe genauso wie beim Auftrieb, dass es so weit ist. Es ist Herbst, nix zum Fressen ist mehr da. Die werden unruhig und spüren das. Die wissen: Jetzt fahr ma hoam!"

waren über eine Stricknadel gedrehte Bänder, die „Drahrader", die so ähnlich wie bunte Locken aussahen. Kathi Hubner von der Iglmoosalm: *„Als ich noch Sennerin war, bin ich in der letzten Woche oft mit den Holzknechten beieinander gesessen und wir haben zusammen den Schmuck für das Aufkranzen hergestellt. Der Stier hat immer rote Seidenbänder gehabt. Die haben Flodaner geheißen. Die Kalbinnen haben nur bunte Flodaner gehabt, die Kühe, die schon gemolken haben Flodaner und Drahrader und die Glockkuh hat nur Drahrader gehabt. Die Flodaner waren aus Seidenpapier, die Drahrader immer aus Buntpapier. Dafür wurde das Buntpapier etwa zwei Millimeter breit geschnitten und dann dicht beieinander über eine Stricknadel gewickelt. Wenn man die Stricknadel herausgezogen hat, blieben die Papierstreifen aufgerollt. Das war eine sehr mühsame Arbeit, für die man viel Geschick gebraucht hat. Die Holzknechte haben die feinen Drahrader sehr gerne gemacht. Einer hat sich dabei sogar geschickter angestellt als jede Frau!"*

Am Morgen des Abtriebtages bekommen die Tiere statt der Weideglocke die große Fahrtglocke umgehängt. Die Sennerin hat die Hütte winterfertig gemacht, die letzte Milch verarbeitet und manchmal auch Brauchtumsgebäck gebacken, das sie auf der Heimfahrt an die Zuschauer verteilte. Immer waren es kleine Stückerln Schmalzgebackenes, die wegen ihrer handlichen Größe gut ausgeteilt wer-

Grössing, Stirnbörtel und Hörnerschoadn

Im August haben die Hausleut' schon den schönen Viehschmuck auf die Alm gebracht. Dann im September, wenn die Tage kürzer werden, bin ich am Abend beim Schein der Petroleumlampe gesessen und habe alles ausbessert oder überhaupt neu gemacht. Wenn die Viecher beim Heimfahren irgendwo anstoßen, dann beschädigen sie ja auch den Schmuck.

Für den Stier hab ich den Stiergrössing gemacht, das ist ein mit bunten Bändern geschmücktes Bäumerl, das er dann auf dem Kopf trägt. Die Glockkuh hat etwas besonders Schönes getragen: Ein Stirnbörtel und schöne Hörnerschoadn.

Ja, und wenn sie dann so geschmückt heimgehen, die Viecher, dann wissen sie genau, dass sie schön sind. Das sieht man ihnen an, weil sie so stolz dahergehen!

Maria Fenz, Buchau bei St. Gallen

Kranz ma auf, kranz ma auf unsre Kalma und Küah,
's ganze Vieh hin und hin voller Buschn und Zier.

Der Ziehkarren für den Abtrieb am Ranzenkar im Ennstal steht bereit. Gezogen von einem Pferd wird er Gegenstände von der Alm ins Tal befördern.

„Dann haben wir die Hütte winterfest gemacht. Bettwäsche, Decken – nichts haben wir oben gelassen –, alles haben wir mit heimgenommen. Das war immer ein Mordszusammenpacken am letzten Tag auf der Alm!"

den konnten. Ob das Gebäck nun „Rumpelnudel", „Raunkerl", „Orausch" oder „Schnuraus" hieß, die kleinen Köstlichkeiten waren besonders bei den Kindern sehr begehrt. *„Wir haben einen großen Korb voll Rumpelnudeln gemacht und jeder, der dir entgegengekommen ist, hat etwas bekommen. Auch bei jeder Hütte, bei der man vorbeigekommen ist, hat man welche hergegeben."*

Die Leute kamen herbei, um den festlichen Zug und die geschmückten Tiere zu sehen. „Die Leute haben gesagt: *‚Mei, sind das schöne Kränz'!' und ‚Sind die Viecher schön!' Da war man als Sennerin dann schon stolz."* Im Ennstal begleitete der Sau- oder Stiertreiber den Zug. Er war ein Spaßmacher, der meist selbst den Sommer über nicht auf der Alm gewesen war, dafür aber jetzt ordentlich im Mittelpunkt stand. *„Der Stiertreiber halst die Frauen und busselt sie ab. Er ist voll Ruß oder schwarzer Schuhcreme und macht damit auch die Weiberlaut schwarz. Er rennt ihnen halt nach und versucht sie zu erwischen!"* Der Stiertreiber trug Kleidung, die über und über mit Moos und Flechten, manchmal auch mit Kreppbändern verziert war. Seine Aufgabe war es, die eigenwilligsten Tiere, die Stiere oder die Schweine zu treiben. Genauso wie die „Sau'n" nicht immer am Weg bleiben, so verschlug es auch den Treiber einmal da hin, einmal dort hin. Durch den unterwegs angebotenen Schnaps hob sich seine Stimmung ständig und jede hübsche Zuschauerin bekam von ihm einen Kuss auf die Wange.

Die Almsau selbst kam oft erst Stunden später daheim an. *„So eine Sau hat ja an die zweihundert Kilo*

Pfiat di Gott, liabe Alma,
da Summa is aus.
Vom Roan waht da Schneewind,
hiazt muass i nach Haus.
Muass obi ins tiafe Tal,
und da Summa is uma,
da gibt's halt ka Wahl.

Der prachtvoll geschmückte Stier ist bereit für den Abtrieb. Neben ihm der Melker Franz Hartl von der Porschealm in Salzburg.

„Der Stier hat natürlich einen Grössing, ein Bäumerl, mit Mascherln gekriegt. Daheim ist der Grössing nachher auf die Stalltür aufgenagelt worden, mitsamt dem Kranz von der Glockkuh."

gehabt. Das war gar nicht so leicht, die hinunterzutreiben. Da hat sie sich wieder irgendwo hingelegt, dann ist sie nicht weitergegangen, das hat Stunden gedauert! Das kann man ja auch von so einer fetten Sau wirklich nicht verlangen, dass sie zwei Stunden ohne Unterbrechung zu Fuß geht!"

Die festlich gekleidete Sennerin wurde bereits am Weg von den Nachbarn begrüßt und über den Verlauf des Sommers befragt. Näherte sich die Kolonne dem Heimathaus, so wurde sie mit Böllerschüssen und Musik, in Salzburg auch mit Peitschenknallen empfangen. Der schöne Viehschmuck aber wurde nicht sofort weggeräumt. Er blieb noch eine Weile im Vorhaus stehen, während der Stiergrössing, der Kopfschmuck des Stieres, als Zeichen des gut überstandenen Almsommers im Hof aufgestellt oder am Stall befestigt wurde.

Der Reifbuschen

Wenn im Herbst der Reif kommt, so Mitte September, dann ist es bei uns der Brauch, dass man auf der Alm die Reifbuschen macht. Kommen dann Männer auf Besuch, dann schenkt man ihnen einen Reifbuschen als Schmuck für ihren Hut.

Für den Buschen geht man in den Wald hinaus und sammelt Hirschzungen, Bärenkraut und Preiselbeerkraut. Man macht Röserln aus Seidenpapier in verschiedenen Farben, rot, grün, wie man es halt mag und dreht mit Draht alles z'amm. Es ist der Brauch, dass die Sennerin selbst dem Gast den Reifbuschen auf den Hut steckt.

Eigentlich sollten nur die Männer den Buschen kriegen, aber heutzutage fragen auch viele Frauen danach. Wenn man denen jetzt keinen gibt, dann fallt man in Ungnade. Deshalb kriegt jeder, der möchte, von mir einen Reifbuschen!

Kathi Hubner, Gosau

„Es hat die Weideglocken gegeben und die Hoamfahrglockn. Das war eine größere und schönere Glocke. Was glaubst, wie stolz die Kuh ist, die die schwere Hoamfahrglockn tragen darf!"

Das Almranzl

Viele Sagen ranken sich um die im Winter verlassene Almhütte. Die Menschen ziehen ins Tal und die Almhütte würde nun von Sagengestalten wie dem Kasamandl oder dem Almranzl bewohnt. Der Almranzl etwa verrichtet auf den Hütten all jene Arbeiten, die die Sennerinnen den Sommer über versäumt haben. Das Besondere dabei ist: der Almranzl arbeitet nur bei Nacht. Aber wehe, er wird dabei von Menschen überrascht oder gestört. Viele Sagen berichten, dass man dann nur mit viel List und Klugheit dem wütenden Almranzl entkommen kann.
Die Irdninger Altbäuerin Gertrud Berger erzählt, was sich im Kleinsölktal zu Beginn des vorigen Jahrhunderts zugetragen haben soll: *„In den ersten Septembertagen ist so viel Schnee gefallen, dass das Vieh abgetrieben werden musste. Nun hat aber eine Kuh gekalbt, die mit ihrem Kalberl noch nicht mitgetrieben werden konnte und so musste die Sennerin auf der Alm zurückbleiben. Der Bauer wollte sie am nächsten Tag mit dem Ochsenfuhrwerk holen.*
Die Sennerin hat also abends Kuh und Kalb versorgt und sich dann zur Ruhe begeben. Sie ist müde gewesen und hat bald gut geschlafen.
Plötzlich wacht sie auf – am Fenster hat etwas geraspelt – und sie hört eine Stimme: ‚Mmh, aha, werd's meinen Kameraden sagen, dass s' mir helfen Boanln nagn.' Der Frau fährt der Schrecken durch Mark und Bein, sie denkt: ‚Das muss jetzt der Almranzl gewesen sein. Der wird wohl schon in der Hütte nachschauen wollen, ob sie leer ist und er schon einziehen kann.' Gott sei Dank fällt der Sennerin ein, was sie in dieser Situation machen kann, um den Almranzl zu täuschen! Sie läuft, als der Geist sich entfernt, um seine Gehilfen zu holen, verkehrten Fußes in den Trempel und legt sich ganz eng an die Kälberkuh. Dann, so heißt es, kann der Almranzl ihr und der Kuh nichts anhaben.
Bald kommt die ganze Geisterschar zur Hütte zurück. Da die Fußspuren der Sennerin zur Hütte führen, sagt eine tiefe Stimme: ‚Wer eiha, nembt do?' Darauf hört die Sennerin es in der Hütte rumoren. Pfannen und Schüsseln werden durcheinandergeschmissen. Der Sennerin kommt es unendlich lang vor, bis die Schar wieder abgezogen ist.
Als der Bauer am nächsten Morgen die Sennerin erblickte, erschrak er zutiefst: Ihre Haare waren in dieser Nacht grau geworden!"

Die alte Hütte auf der Karteisalm bei Hüttschlag im Großarltal.

„In der Hütte haben wir am letzten Tag die Feuerzange und den Schürhaken über Kreuz auf den Herd gelegt. Und nachher sind wir abgefahren von der Alm."

Muas und dazu a Schottsuppn

Wie es Maria Ammerer und Maria Viehauser aus dem Großarltal zubereiten.

„Auf der Alm hat es für die Mahder ein Muas gegeben und a Schottsuppn dazu!“

Zutaten:
Muas:
50 dag Mehl
ungefähr ½ Liter Wasser
20 dag Butterschmalz oder anderes Fett
Salz
Suppe:
25 dag Schotten
ungefähr 1 Liter Wasser
Salz
Kümmel
ev. etwas Schwarzbrotrinde, klein geschnitten
ev. etwas Süßrahm (Schlagobers) zum Verfeinern

Muas: Du kochst das Wasser auf und gießt es dann brennheiß über das gesalzene Mehl, das nennen wir „Abbrennen“. Der Teig soll nicht zu dünn sein, er kann ruhig noch ein bissl mehlig sein. Am besten ist es, wenn du das Abbrennen mit einem Guss erwischt! Man sollte nicht immer wieder Wasser nachschütten, das muss man halt im Gefühl haben. Muas kochen ist eine Sache, die man mit der Zeit immer besser lernt.
Dann gibt man die Masse in die Pfanne ins heiße Schmalz und rührt dabei ständig mit dem „Muaser“ um.
Schottsuppn: In ein Kochgeschirr gibt man den Schotten, Kümmel, Salz, und heißes Wasser hinein. Man kann auch klein geschnittene Schwarzbrotrinde dazugeben, wenn man will. Das erhitzt man und lässt es ziehen und gibt zum Schluss einen bissl süßen Rahm dazu, damit es noch besser schmeckt!

Bergmahder am Hasseck
im Gasteinertal.

Rahmkoch

Wie es die Trattlerbäuerin Berta Schlick aus Stadl an der Mur macht.

„Rahmkoch haben wir alleweil auf der Alm gehabt. Wenn Besuch gekommen ist, haben wir das Rahmkoch aufgewartet."

Zutaten:
½ Liter saurer Rahm
25 dag Mehl
etwa ⅛ Liter süßen Rahm (Schlagobers)
10 dag Butter
Anis
25 dag Zucker
Zimt
Rosinen
ein Schuss Rum
eine Prise Salz

Zuerst muss man den sauren Rahm leicht kochen lassen. Ich stelle ihn hinten am Tischherd hin und lasse ihn so lange ganz leicht köcheln, bis ein bissl Fett aus dem sauren Rahm kommt, das sich oben absetzt. Das kann gut einen halben Tag dauern.
Dann verrühre ich das Mehl und den süßen Rahm zu einem nicht zu festen, eher flüssigen Teigerl. Nun gebe ich diese Mischung dazu, außerdem noch Anis, eine Prise Salz und auch die Butter. Jetzt lässt man das Ganze etwa eine Stunde köcheln. Dabei musst du alleweil fest rühren, damit nichts anbrennt.
Zum Schluss gibt man noch Zimt, Zucker, Rosinen und einen Schuss Rum dazu und verrührt alles gut miteinander. Ich lege eine Schüssel mit Butterpapier aus und gebe die Masse hinein. Dann lasse ich das Rahmkoch stehen, bis es fest wird. Vor dem Servieren wird es in Scheiben geschnitten und auf einem Teller schön angerichtet auf den Tisch gestellt.

Sennerin im Ausseerland vor der offenen Feuerstelle in der Hütte.

Fedlkoch

Wie es die ehemalige Jauringalm-Sennerin Maria Ferk macht.

„Fedeln“ heißt siedeln, deswegen war bei uns im Herbst zum Almabtrieb das Fedlkoch der Brauch. Jeder, der gekommen ist, hat einen Teller davon bekommen!“

Zutaten:
¼ Liter Sauerrahm
1 Ei
Prise Salz
5 Gewürznelken
15 dag Grieß
10 dag Mehl
Kristallzucker und Zimt zum Bestreuen
Weinbeerln oder Rosinen zum Verfeinern

Zuerst versprudelt man den Sauerrahm mit dem Ei, gibt eine Prise Salz und die Gewürznelken dazu, und dann lässt man alles aufkochen.
Jetzt rührt man zuerst den Grieß gut drunter, danach das Mehl und lässt alles leicht bei niedriger Temperatur ziehen. Man darf dabei aber das Rühren nicht vergessen, damit das Koch nicht anbrennt.
Dann muss das Fedlkoch zugedeckt ein wenig auskühlen. Nun formt man aus der noch möglichst heißen Masse vier Knödel. Wenn man das Gefühl hat, dass die Knödel zu bröselig sind, kann man vorher noch einen Schuss Süßrahm oder Milch dazu geben, dann wird die Masse geschmeidiger.
Die Knödel kommen zum Auskühlen über Nacht in den Kühlschrank. Vor dem Anrichten reibt man die Knödel mit dem feinen Reibeisen in den Teller, gibt Zucker und Zimt dazu, wenn man mag auch Weinbeerln oder Rosinen.
Das Fedlkoch soll man mit einem guten Kaffee genießen!

Almabtrieb von einer Ausseer Alm in den 1940er-Jahren.

Orausch (Abrausch)

Wie ihn die ehemalige Sennerin Kathi Hubner aus Gosau im Salzkammergut macht.

„Meine Mutter hat immer gesagt: ‚Der Orausch muss aufgehn wie ein Betbuch, dann ist er richtig!'"

Zutaten:
1 kg glattes Mehl
2 TL Salz
Zimt und Anis nach Geschmack
20 dag Butterschmalz
½ Liter süßen Rahm (Schlagobers)
Butterschmalz zum Ausbacken

Man erhitzt das Butterschmalz, vermischt das Mehl in einer Schüssel mit den Gewürzen und brennt dann das Mehl mit dem heißen Schmalz ab, das heißt man schüttet das flüssige, heiße Schmalz über das Mehl. Die Masse muss man gut mit den Händen abriebeln, bevor man den Rahm dazugibt. Dann knetet man das Ganze kurz durch.
Den Teig gibt man auf ein großes Brett und drückt ihn mit der Hand schön flach, etwa 2 Zentimeter hoch. Das stellt man so lange kalt, bis der Teigblock schön hart geworden ist.
Danach schneidet man ihn in zwei mal zwei Zentimeter große Würfel. Jetzt wird der Orausch im Schmalz schwimmend langsam gebacken. Wenn man die Stückerln ins heiße Schmalz gibt, muss man die Temperatur richtig erwischen. Meine Mutter hat immer gesagt, der Orausch muss aufgehen, wie ein Betbuch! Wenn das Fett zu heiß ist, verschließt er sich und geht nicht auf. Darum: mit Gefühl und langsam backen – dann geht er auf wie eine Ziehharmonika.

Justine Urstöger, die Mutter von Kathi Hubner, beim Feuermachen an der offenen Herdstatt. Sie, die ehemalige Grubalm-Sennerin, konnte unvergleichlich köstlichen „Orausch" zubereiten, der „wie ein Betbuch" aufgegangen ist.

Rumpelnudeln

Wie sie Maria Priller, die ehemalige Sennerin von der Knollialm bei Oberwölz macht.

„Die Rumpelnudeln hat die Sennerin beim Almabtrieb an jeden ausgeteilt, der ihr entgegengekommen ist. Zu Fronleichnam hat man haargenau das gleiche Rezept noch einmal gemacht. Dann haben die Nudeln aber ‚Braunnudeln' geheißen!"

Zutaten:

1 kg Mehl
1 Würfel frische Germ
5 dag Zucker
Milch nach Bedarf
6 Eidotter
einen ordentlichen Schuss Rum
Butterschmalz oder anderes Fett zu Backen

Man macht einen Germteig mit Eidottern und einem Schuss Rum, den man gut abschlägt und gehen lasst. Dann walkt man ihn etwa messerrückendünn aus und schneidet mit dem Radl recht kleine viereckige Fleckerln aus. Die lässt man zugedeckt noch einmal gehen, dann backt man sie im heißen Fett goldgelb aus. Wir haben früher Butterschmalz genommen, das war schon ganz etwas Gutes! Wichtig ist, dass man während des Backens immer rührt, damit alle Rumpelnudeln schön Farbe bekommen.
Früher war man mit dem Zucker recht sparsam und hat die Nudeln nicht angezuckert. Wenn man will, kann man es natürlich trotzdem tun.

Die Brentlerin (Sennerin) Tina Knolli mit Eva Priller und Sommergästen auf der Knollialm bei Oberwölz.

Glossar

Almfachtl: Behälter mit Almprodukten, in ein Tuch (Fachtltuch) eingebunden, den die Sennerin auf dem Kopf zum Heimhof trägt.
Almherr: Bauer aus der Almgemeinschaft, der den Termin des Auftriebs festlegt und Arbeiten wie Zäunen oder Schwenden organisiert.
Anger: Wiese
anzunden: angezündet
auffi: hinauf
aufkranzen: Schmücken der Rinder auf der Alm am Tag des Viehabtriebs.
Binkerl: Bündel
beitln: schütteln
Boanln: Gebeine, Knochen
Brecheln: Die verholzten Stängelteile des Flachses werden durch Schlagen mit der Brechel von der Faser gelöst.
Brem: Bremse, Dasselfliege
brocken: pflücken
Budei: Schnapsglas
datricknen: trocknen
dertreten: niedergetreten
Drahrader: Schmuck aus Buntpapier zum Aufkranzen des Viehs beim Abtrieb, typisch für das Gebiet um Gosau.
Emoasl: verziertes Butterröllchen
Fotzhobel: Mundharmonika
fladern: stehlen
Flodaner: Schmuck aus Seidenpapier zum Aufkranzen des Viehs beim Abtrieb, typisch für das Gebiet um Gosau.
gach: plötzlich
Galtvieh: weibliche Rinder bis zur ersten Abkalbung sowie Stiere und Ochsen unter 2 Jahren
Gleck: Zufutter auf der Alm, um das Vieh anzulocken, bestehend aus Gras, Heilkräutern, Huflattich und Salz.
Goaß: Ziege
Goaßer: Ziegenhirte
Godl: Taufpatin
Graß: Reisig von Tannen- und Fichtenhölzern
Graupen: hier: Islandmoos
grea: grün
Grössing: junges Fichtenbäumchen
Grübl: Grübchen
gscheckat: gescheckt
halsen: umarmen
Halter: Viehhüter
Hörnerschoadn: Hörnerscheiden
Hüater: (Vieh-)Hüter
Hüttei: Hütterl
Schaffl: großer Behälter
Kalma: Kälber
Kawasser, Kaswasser: Molke

kleschen: donnern, krachen
Kranawett: Wacholder
krausalat: gekräuselt
Krummet: Heu von der zweiten Mahd
krump: lahm
Leck: siehe Gleck
Luader: Miststück
Mauna: Männer
Muas: Schmarrn
Muaser: Schmarrnschaufel
Muaspfandl: Pfanne, in der Muas, Schmarrn, zubereitet wurde
neama: nicht mehr
o'ghoazt: verheizt
o'kugelt: abgestürzt
o'stechn: schlachten
owiwalken: abstürzen, hinunterrollen
plärren: schreien, weinen
Plärrwerch: Geschrei
Plotschn: Blätter des großen Huflattich
poschen: klatschen, schlagen
pracken: schlagen
Pumperer: Krach
Ranggeln: besondere Art der Ringkampfes im Ostalpenraum
rearn: weinen, klagen
Roan: Rain, Begrenzungsstreifen
roffeln: hier: grunzen
roasen: reisen, hier: weggehen
schea: schön
schichti: schüchtern
schliefen: schlüpfen
Schock: hier: eine Menge Leute
Schotten: Topfen aus der Buttermilch
schuftig: geizig
sist: sonst
Span: hier: Holzspan
spanln: schienen
stessn: stossen
Stutzerl: Gewehr
Tetschn: Ohrfeige
Trempel: Almstall
Tret: Almstall
Troad: Getreide
Tuttn: Euter
ummi: hinüber
Unreim: Unglück
zammgrissn: zerrissen
Facken: Ferkel
waken: einweichen
Wasen: Rasenstück
Wamperl: Baucherl
wischpln: pfeifen
Woad: Weide
wurln: wuseln
Zurken: Äste
zuwi: hin, dazu
zuzeln: saugen
Zweck: hier: Holzspan
zwider: schlecht gelaunt

„Barthlmai“: Bartholomäustag, 24. August
Großer Frauentag: Mariä Himmelfahrt, 15. August
„Jokastag“, Jakobstag: 25. Juli
Kleiner Frauentag: Mariä Geburt, 8. September
„Laurenzi“, Tag des hl. Laurentius: 10. August
Peterstag: Peter- und Paultag, 29. Juni
„Ruperti“: Rupertstag, 24. September

Es ist kein Tun mehr mit ihnen: Man kommt mit ihnen nicht mehr zurecht.

Da geht dir oft der Schiach an!: Da fürchtest du dich!

Am Sunntog werds saggarisch lusti, do wer ma auf d' Ålma geahn zäun: Am Sonntag wird es sehr lustig, da gehen wir auf die Alm zäunen.

I riah doch fürn Fuchs den Butter net zamm. A Brett und a poor Nägl – zua ist des Loch. Und hiaz, Fuchs, hiaz suachst da amol anderswo wos!: Ich rühre doch für den Fuchs nicht die Butter zusammen. Ein Brett und ein paar Nägel und zu ist das Loch. Und jetzt, Fuchs, jetzt suchst du dir einmal anderswo was!

Jetzt teama wieder miteinand!: Jetzt tun wir/arbeiten wir wieder miteinander!

Da Winter is wos Graußlichs für mi, aber wonns aper wird und d' Leut anfangan zan gehen, fangt ma 's Herz an zan pumpern, dös werds vastehn!: Der Winter ist etwas Grausliches für mich, aber wenn es aper wird und die Leute anfangen zu gehen, fangt mein Herz zu pumpern an, das werdet ihr verstehen.

„Mirzl! Kimm oha, sist wird da olls kolt, di jo-e ho-i!“: Mirzl, komm herunter, sonst wird alles kalt!

Sie ist a wenig damisch gwen auf d' Mauna!: Sie war ein wenig verrückt nach den Männern.

Jemandem einen Possen spielen: Jemandem einen Streich spielen.

Oh, jetzt siech i scho wieda a Gams! Kannst mia a Budei Schnaps gebn?: Oh, jetzt sehe ich schon wieder eine Gams! Kannst du mir ein Stamperl Schnaps geben?

Kimmt wer? Na, neamd kimmt! Gemma holt Küah holen.: Kommt jemand? Nein, niemand kommt! Gehen wir halt die Kühe holen.

Und is lei oa Wurm amol drinnen, dann sind's gleich alle da.: Ist einmal ein Wurm drinnen, dann sind gleich alle da.

Wer eiha, nembt do?: Wer ist da, niemand da?

Bildnachweis

Maria Ammerer, Hüttschlag: S.77 (re.), S. 91 (re.), S.125 (o.), S.143, S.145
Magdalena Bayer, Altenberg a.d. Rax: S.67 (li.)
Maria Ferk, Kapfenberg: S.37, S.41 (u.), S.63 (re.), S.93, S.101, S.121
Heinz Fessel, Trieben: S. 135
Familie Fladischer, Kapfenberg: S. 65
Karl Friedl: S.9, S. 67 (re.), S.111 (re.), S.113, S.131 (li.)
Marlene Friedl: S. 119, S. 133
Familie Gruber, Hüttschlag: S.71, S.73, S.137 (li.)
Franz Hartl, St. Veit i. Pongau: S. 51 (u.), S. 141
Franz Holzer, Göriach: S.39 (re.), S.77 (li)
Kathi Hubner, Gosau: S. 78 (re.), S.78 (o.), S. 111 (li.), S. 153
Familie Kain, Bad Mitterndorf: S. S.33 (re.)
Margaretha Krallinger, Annaberg: S.41 (o.), S.117, S. 131 (re.), s. 137 (re.)
Museum Innviertler Volkskundehaus Ried: S.19
Ignaz Moser, Stadl a.d. Mur: S. 103
Nagl Frieda, Rauris: S.33 (li.)
Familie Oberzaucher, Obermillstatt: S. 47
Atelier Walter Oczlon, St. Johann i. Pongau: S. 49
Familie Pesentheiner, Reißeck: S. 105
Helmut Pilz, Gosau: S.115
Ingrid Rastl, Bad Aussee: S.22, S.17, S. 58 (li.), S. 83, S.139 (li.), S.151
S. 149
Ferdinand Rießner, St. Nikolai/Sölk: S.11, S.25, S.53, S.55, S.91, S.99, S.127 (re.)
Martin Schlechta, Wien: S.13, S.17, S.24, S.81
Familie Schweighofer, Mettnitz: S.85
Familie Steinberger, St. Veit i. Pongau: S. 29 (o.), S.45, S.51 (o.), S.63 (li.), S. 69, S.147
Familie Streibl, Oberwölz: S. 39 (li.), S.43
Talmuseum Hüttschlag: S. 23, S.89
Gemeindearchiv Taxenbach: S. 35
Christl Tiefenbacher, Aigen i. Ennstal: S.15, S.57, S.58 (re.), S. 91 (li.), S. 109, S. 139 (re.)
Universalmuseum Joanneum, Multimediale Sammlungen: S.21
Universalmuseum Joanneum, Schloss Trautenfels: S.29 (u.), S.31, S.59, S.75, S.87, S.97, S.107, S. 123
Familie Urz, Grundlsee: S. 78 (li.), S.129
Maria Viehauser, Hüttschlag: S. 79 (u.), S. 125 (u.)
Archiv Volksliedwerk: S. 95

Liedernachweis

S.18: „Am Sunntog werds saggarrisch lusti wern“
S. 30: „Am Riegerl steht die Hüttn“
S. 34: „Bald tröpfelt der Schottn“
S. 53: Strophe aus: „Der Eisenerzer Goaßhalter“
S. 71: „Auf der Alm is koa Bleibn“
S. 76: „Und a Almhüttn is mei Häuserl“
S. 84: Strophe aus: „Im Fruahjohr bei da Niader“
S. 91: „A Büscherl von Edelweiß“
S. 106: „Und i liab a frisch's Dirndl“
S. 112: „Bua, willst auf d' Alma fahrn“
S. 129: „I bin's a freier Wildbratschütz“
S. 139: Strophe aus: „Fahrn ma hoam“
S. 140: „Pfiat di Gott, liabe Alma“

IMPRESSUM

ISBN: 978-3-7012-0150-1

styria books

Bücher aus der Verlagsgruppe Styria gibt es
in jeder Buchhandlung und im Online-Shop
styriabooks.at

Autorenfoto Klappe: Marlene Friedl
Lektorat: Nicole Richter
Cover- und Buchgestaltung: Andrea Malek., www.malanda-buchdesign.at, Graz
Druck und Bindung: Finidr

7 6 5 4 3 2 1